KB040538

김우재의 **초파리 사생활 엿보기**

과학하고 앉아있네 09

김우재의 초파리 사생활 엿보기

ⓒ 원종우·김우재, 2018. Printed in Seoul, Korea.

초판 1쇄 펴낸날	2018년 5월 2일
초판 3쇄 펴낸날	2021년 1월 20일
지은이	원종우·김우재
펴낸이	한성봉
책임편집	이지경
편집	안상준·하명성·이동현·조유나
디자인	전혜진
본문조판	김경주
마케팅	박신용·오주형·강은혜·박민지
경영지원	국지연·강지선
펴낸곳	도서출판 동아시아
등록	1998년 3월 5일 제1998-000243호
주소	서울시 중구 퇴계로30길 15-8 [필동1가 26]
페이스북	www.facebook.com/dongasiabooks
전자우편	dongasiabook@naver.com
블로그	blog.naver.com/dongasiabook
인스타그램	www.instagram.com/dongasiabook
전화	02) 757-9724, 5
팩스	02) 757-9726
ISBN	978-89-6262-227-0 04400
	978-89-6262-092-4 (세트)

이 도서의 국립중앙도서관 출판예정도서목록(CIP)은
서지정보유통지원시스템 홈페이지(http://seoji.nl.go.kr)와
국가자료공동목록시스템(http://www.nl.go.kr/kolisnet)에서
이용하실 수 있습니다. (CIP제어번호 : CIP2018012658)

잘못된 책은 구입하신 서점에서 바꿔드립니다.

과학하고
앉아있네

파토 원종우의 과학 전문 팟캐스트

09

김우재의
초파리 사생활 엿보기

| 원종우 · 김우재 지음 |

동아시아

과학전문 팟캐스트 방송 〈과학하고 앉아있네〉는 '과학과 사람들'이 만드는 프로그램입니다. '과학과 사람들'은 과학 강의나 강연 등등 프로그램과 이벤트와 같은 과학 전반에 걸친 이런저런 일을 하기 위해 만든 단체입니다. 과학을 해석하고 의미를 부여하는 "과학과 인문학의 만남"을 이야기하는 것이 바로 〈과학하고 앉아있네〉의 주제입니다.

사회자
원종우

딴지일보 논설위원이라는 직함도 갖고 있다. 대학에서는 철학을 전공했고 20대에는 록 뮤지션이자 음악평론가였고, 30대에는 딴지일보 기자이자 SBS에서 다큐멘터리를 만들었다. 2012년에는 『조금은 삐딱한 세계사: 유럽편』이라는 역사책, 2014년에는 『태양계 연대기』라는 SF와 『파토의 호모 사이언티피쿠스』라는 과학책을 내기도 한 전방위적인 인물이다. 과학을 무척 좋아했지만 수학을 못해서 과학자가 못 됐다고 하니 과학에 대한 애정은 원래 있었던 듯하다. 40대 중반의 나이임에도 꽁지머리를 해서 멀리서도 쉽게 알아볼 수 있다. 과학 콘텐츠 전문 업체 '과학과 사람들'을 이끌면서 인기 과학 팟캐스트 〈과학하고 앉아있네〉와 더불어 한 달에 한 번 국내 최고의 과학자들과 함께 과학 토크쇼 〈과학같은 소리하네〉 공개방송을 진행한다. 이런 사람이 진행하는 과학 토크쇼는 어떤 것일까.

대담자
김우재

김우재 교수는 바쁘다. 늘 궁금한 것을 찾고 문제를 제기하고 의견을 내는 사람이기 때문이다. 그런 집요함이 우리나라에서는 인기 종목이라고 할 수 없는 초파리 연구로 그를 끌어들이고, 나아가 촉망받는 국제적 학자로 자리매김하도록 이끌었을 것이다.

생물학에 대한 그의 애정과 초파리 연구에 대한 자부심은 그와 대화를 나눠본 사람이라면 누구나 느낄 수 있다. 그런 그인 만큼 머지않은 미래에 그가 초파리를 통해 생명과 인간의 비밀을 더욱 깊이 파헤치리라는 것을 의심하기는 어려운 일이다.

* 본문에서 사회자 **원종우**는 '원', 대담자 **김우재**는 '김'으로 적는다.

차례

부족한 강연을
내어놓기에 앞서

대학을 졸업하고 지금까지 계속 글을 써왔지만, 내 이름을 건 책은 한 번도 출판해보지 않았다. 이미 몇 년 전에 몇 권의 책을 계약해두고도 여전히 게으름을 떠는 건 실험생물학자의 삶이 고달파서라는 이유 외에도, 아직 내가 준비되지 않았다는 부끄러움 때문이다. 그래서 나는 전혀 준비되지도 않은 채 진행된 이 강연을 책으로 내는 데 주저했다. 게다가 강연을 녹취한 책이라면 그게 어떤 의미일지 알기 어려웠다. 그리고 내 이름을 걸고 나가는 첫 책이 강연록이길 원하지 않았다. 그렇게 출판사에 의견을 전달했고 조금만 기다려주십사 부탁했지만, 동아시아 한성봉 사장이 기다릴 사람이 아님은 잘 알고 있었다.

이 강연 후 벌써 몇 년이 흘렀다. 이제 내 삶은 당시와는 완전히 달라져 있다. 이제 나는 캐나다의 수도인 오타와에서 교수로 살고 있고, 내 실험실을 갖게 되었고, 내가 꿈꿔왔던 실험들을 과학자 동료들과 신나게 해볼 수 있고, 그 무엇보다도 아내와 딸이라는 가족을 갖게 됐다.

삶이 달라지면, 가치관도 변한다. 이제 과학책을 별로 읽지 않는다. 실은 읽을 시간도 없지만, 읽고 싶은 감흥이 많이 사라졌다. 아마 가장 큰 이유 중 하나는 교수로서의 삶이 주는 커다란 무게 때문일 것이다. 내 연구능력에 모든 걸 걸고 있는 학생과 연구원들 앞에서, 나는 내가 쓰는 글의 무게를 한국말보다 영어에 두어야만 하는 삶을 살아야 한다. 게다가 갈수록 신임교수와 기초과학연구자에게 어려워지는 연구비 확보를 위해 지난 몇 년 나는 잘 쓰지도 못하는 영어로 연구비 계획서를 쓰는 데 글 쓰는 시간의 대부분을 썼다.

두 번째 이유는 한국에서 출판되는 교양과학도서들이 이제 일종의 권태기에 들었다고 말해도 될 정도로 너무 뻔하다는 점 때문이다. 내가 대학생 때라면 재미있게 읽었을 책들이 재탕, 삼탕 유행하는 저자의 이름만 바꾸며 반복되고 있다. 그래서인지 교양과학서적 시장이 양적으로 엄청난 성장을 거두고 있다는 말을 들었다. 하지만 거기까지가 한계로 남게 될 것이다. 우선 한국의 출판시장이 너무 후졌고, 사람들이 책을 읽을 만한 여유도 의지도 없다. 아마도 양적 성장에 그쳐 질적 도약을 하지 못하는 한국 과학처럼, 한국 교양과학시장도 멈추고 말 것이라고 생각했다. 그래서 책을 거의 읽지 않는다.

며칠 전 출판사 대표의 페이스북을 보고 내가 이 원고를 교정한다고 하고선 꽤 지난 걸 생각해냈다. 여전히 내 컴퓨터 모니터엔 마감이 조금 남은, 나도 이해하지 못해 엉망진창인, 영어로 쓰인 연구비계획서 두 개와 이젠 정말 빨리 마무리해야만 하는, 이 책에도 등장하는 그 오래된 논문이 떠 있지만, 한국에서 한성봉 사장에게 얻어 마신 술이 걸린다. 그래서 이렇게 교정하고 머리말까지 쓰고 있다.

시간이 많이 지났다. 하지만 내 강연 녹취를 다시 읽으니, 현재 준비하고 있는 『파리의 사생활(가제)』라는 책의 좋은 바람잡이는 되지 않을까 싶다. 내가 『파리의 사생활』에서 하고 싶은 이야기들의 대부분이 이 강연에 담겼다. 그렇게 생각을 하고 보니, 그 몇 년 동안 얼마나 책 안 읽고 공부를 게을리했으면 여전히 생각이 거기에 멈춰 있나 싶기도 하다. 하지만 책 한 권 낸다고 뭐 하나 얻을 것도 없는 초파리 유전학자가 한글로 된, 경력에 별 도움도 안 되는 책 한 권을 내려고 그 먼 한국까지 오가며, 캐나다에서 열심히 시간을 들여 정성을 썼다는 사실은 기억해주길 바랄 뿐이다.

마지막 챕터의 기초과학과 과학의 경제종속에 관한 부분은 그동안 '변화를 꿈꾸는 과학기술인 네트워크 ESC'를 통한 과학자들의 개헌운동을 거쳐 이제 사회의 운동으로 진보했다. ESC가 만들어지던 때에도 과학에 대한 헌법 기술을 수정하기 위한 모임에도 함께할 수 있어서 행복했다. 비록 몸은 멀리 떨어져 온라인으로밖에 만날 수 없지만, 한국에서 과학과 사회를 함께 생각하며 말과 글이 아니라 실천으로 사회를 변화시키는 과학기술인이 늘고 있음을 보는 건 행복한 일이다.

아마도 과학자로서의 내 삶은 이곳 캐나다에서 진행되어야 할 것 같다. 몸이 떨어진 거리만큼 점점 한국 과학계와의 거리도 멀어지고 있는 것 같지만, 앞으로 출판될 몇 권의 책으로 그리고 가끔 아주 가끔 한국을 방문해 하게 될 강의로 그 아쉬움을 채울 수밖에 없을 것 같다. 내 과학을 지원하고 또 내가 헌신해야 하는 가장 가까운 동료들은 모두 캐나다에 있기 때문이다. 한국 과학이 한국의 훌륭하고 건강한 과학자들에 의해 잘 발전할 수 있기를 항상 바란다. 그것은 한때 내 꿈이었고, 여전히 큰 미련으로 남아 있기 때문이다. 하지만 외부인이 해줄 수 있는 한계란 거기까지다. 다만 바라기를 한국의 다음 대통령은 과학자가 되기를.
그런 시대가 올 때까지 한국의 과학이 살아남을 수 있기를. 그리
고 아이들이 초파리를 보고 유전학을 떠올릴 수 있는 나라가 되
기를.

캐나다 오타와에서

김우재

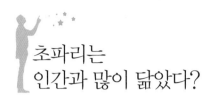

초파리는
인간과 많이 닮았다?

원 오늘은 유명한 분을 모셨습니다. 캐나다 오타와대학의 김우재 박사님입니다. 김우재 박사님은 유전학^{遺傳學, genetics}과 생물학을 연구하십니다. 또 과학사에도 조예가 많으시지요. 더불어 한국의 과학계의 문제에 대해서도 날카로운 발언을 많이 하신 분입니다.

오늘은 김우재 박사님과 함께 초파리를 통해서 유전에 대한 이야기를 하려고 합니다. 덧붙여서 생물학계에는 크게 두 개의 흐름이 있는데, 이 두 흐름에 대한 이야기도 해보겠습니다. 그리고 1970년대, 혹은 그 이전부터 우리나라 과학계가 어떻게 흘러왔고 어떤 문제가 있는지도 다양하게 다루어볼게요. 김우재 박사님을 모시겠습니다.

김 안녕하세요 저는 트위터에서 '완초 과학자'로 알려져 있는

• 초파리는 유전학 연구의 대표 모델생물이다. •

김우재입니다. '완전 초파리 과학자'라고 해서 한때 '완소남'이 유행할 때 붙인 별명입니다. 제 연구는 주로 초파리 야동을 보는 일입니다. 진지한 학문주제예요. 최근에 「어떻게, 어떤 일들이 일어나면 초파리 수컷이 섹스를 오래 하는가」라는 황당한 주제의 논문을 『네이처뉴로사이언스Nature Neuroscience』에 실었습니다. 어쨌든 그래서인지 초파리 야동 전문가로 불리고 싶은 김우재 박사라고 저를 소개하고 싶네요.

원 ― 이게 농담이 아니라는 것이 정말 무서운 거죠. (웃음)

김 ― 그런 일을 하고 있는 김우재입니다. 반갑습니다.

원 ― 우선 제가 실토를 해야 할 것이 있습니다. 제가 천문학은 조금 아는데요, 유전학 분야는 정말 몰라요. 아마 여기 계신 분들 중에 저보다 많이 아는 분들도 있을 거라 생각해요. 오늘은 제가 문외한의 입장에서 이야기를 진행해보려합니다.

일단 본격적으로 들어가기 전에 궁금한 게 있어요. 초파리! 왜 초파리를 연구하는 것이며, 초파리의 섹스시간이 학문적으로 어떤 의미가 있는지 간단하게 이야기해주세요.

김 — 초파리는 1900년도쯤에 모델생물이 되었습니다. 초파리가 모델생물이 되면서부터 유전학은 체계화되기 시작했어요. 과학의 면모를 갖추게 된 거죠. 1970년대에 시모어 벤저라는 과학자가 등장합니다. 그런데 시모어 벤저는 원래 초파리와는 아무 상관이 없었던 사람이에요. 박테리아에 감염하는 T4라는 바이러스를 연구하던 사람이었지요. 그 분야에서 잘나가던 과학자가 갑자기 분자생물학의 전성기에 바이러스 연구를 관두고 초파리 연구에 뛰어들었어요. 시모어 벤저는 마음속에 품고 있었던 질문이 하나 있었다고 해요. '과연 유전자와 행동을 연결시킬 수 있

모델생물 모델생물model organism은 생물학의 현상을 연구하고 이해하기 위해 특별히 선택되는 생물 종이다. 인간의 질병을 연구하기 위해 인체 실험을 대신하여 널리 이용된다. 생물들은 공통조상으로부터 진화했고, 대사회로와 발생생물학적 기초, 그리고 유전체에서 많은 공통점을 가지고 있기 때문에 모델생물에서 발견한 사실들은 다른 생물에게도 폭넓게 적용된다. 유전학에서는 실험의 결과를 확인하기에 유리한 모델생물이 필요하다. 짧은 세대 주기를 갖는 노랑초파리나 선형동물이 좋은 예이다. 이 외에도 실험 모델, 유전체학 모델 등이 있는데, 진화의 계통에서 중심을 차지하고 있는 종이 주로 선택된다.

• 과연 유전자와 행동을 연결시킬 수 있을까? •

시모어 벤저 시모어 벤저Seymour Benzer은 미국의 물리학자이자 분자생물학자, 행동유전학자로 특히 행동유전학 분야 최초의 과학자 중 한 사람이다. 벤저는 최초로 초파리에서 일주기성 리듬circadian rhythm을 관장하는 돌연변이체를 발견했다. 2017년 노벨 생리의학상을 받은 생체시계 연구의 토대를 만든 연구자이다. 벤저는 2008년 사망했고, 그의 첫 제자들인 제프 홀Jeff Hall, 마이클 로스배시Michael Rosbash, 마이클 영Michael Young 등의 세 과학자가 생체시계 연구로 노벨상을 수상했다. 하지만 만약 생체시계 연구가 노벨상을 받아야 했다면, 그 상은 벤저와 그의 연구원이었던 로널드 코노프카Ronald Konopka에게 주어져야 했을 것이다. 코노프카는 초파리 돌연변이 스크리닝의 법칙이라고도 불리는 '코노프카 법칙', 즉 처음 200개의 돌연변이에서 원하는 결과가 나오지 않으면 영원히 나오지 않는다는 법칙의 창시자로, 그의 노력으로 최초의 생체시계 유전자인 '피리어드period'가 발견되었다. 사실 이 세 과학자가 생체시계로 노벨상을 받는 건 좀 의외다. 시모어 벤저와 코노프카가 받지 못한 건 벤저는 2008년에, 코노프카는 2015년에 사망했기 때문인데, 그렇다면 이 상은 안 주는 게 맞다. 노벨상 위원회의 시상기준이 언제나 문젯거리가 되는 건 바로 이런 기묘한 정치적 행보 때문이다. 예를 들어 오바마 대통령에게 돌아간 노벨 평화상처럼, 생체시계에 돌아간 이 상도 미국 국립보건성이 기초연구를 좀 더 후원하라는 일종의 정치적 프로파간다일지 모른다는 소문이 있다.

는가', '유전자가 진짜로 행동을 조절하는가'라는 질문이었습니다. 그래서 벤저의 연구가 초파리로 넘어오게 되었습니다. 이분의 제자들 중 한 명이 저의 지도교수님이에요.

대학원을 마치고 포스닥을 정할 때, 다른 것은 아무것도 안 보고 시모어 벤저의 제자라는 것만 봤어요. '거기에 가면 내가 꿈꾸던 그 행동을 유전자 레벨에서 연구할 수 있지 않을까'라고 기대했거든요.

그런데 시모어 벤저가 초파리의 유전자와 행동을 연결시키는 연구를 하면서 표적으로 삼았던 행동들 중 하나가 초파리 수컷의 성행동sexual behavior이에요. 벤저의 일대기를 그린 책이 있는데 그 책 제목이 『Time, Love and Memory』거든요. 한국에는 『초파리의 기억』이라는 제목으로 번역되었을 거예요. 여기서 Time이 이번에 노벨상을 받은 생체시계 연구, Love가 수컷의 구애행동이죠. Memory는 말 그대로 기억 연구를 뜻해요. 초파리에서 최초의 기억에 관한 많은 유전자들이 클로닝 되었거든요.

다시 초파리 구애행동으로 돌아와서, 초파리 수컷들은 아주 전형적인 성행동을 보입니다. 한 번도 못 보셨죠? 주변에 초파리가 많이 날아다니지만, 그걸 보진 않잖아요.

원— 초파리 야동을 말하시는 거죠?

김— 네, 잘 보면 볼 수 있어요. 초파리 수컷들은 먹는 것과 하는 것밖에 몰라요. 집에서도 간단히 실험해볼 수 있어요. 포도젤리

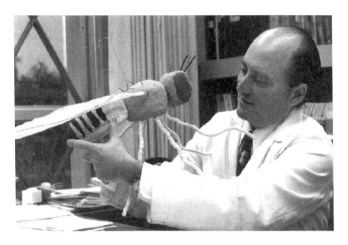

• 시모어 벤저는 초파리 수컷의 성행동과 유전자의 연관성을 연구했다 •

같은 걸 접시에 얹어놓고 카메라를 설치해둔 채로 관찰하는 거예요. 가만 지켜보다 보면 거기에 초파리들이 몰려들어서 구애행동을 하는 장면을 볼 수가 있어요.

어떤 사람이 유튜브에다 초파리 야동을 영화처럼 만들어 올려놨어요. (https://youtu.be/zXXqQ2zJVMA) 기승전결이나 음악도 잘 골라서 만들었더라고요. 엔딩 크레디트도 있어요. 꼭 한번 찾아보세요.

원― 그런데 여기서 말하는 초파리랑 날파리랑 같은 건가요? 좀 다른가요?

김― 음식물 쓰레기에 막 날아오는 조그만 파리들 있죠? 좁쌀만

한 날파리들이요. 걔네들이 다 초파리예요. 그런데 이 초파리들이 다 유전학 연구에 쓰는 모델생물은 아니고 다른 종들도 있죠. 유전학자들이 모델로 삼은 초파리는 Drosophila melanogaster라고 한국에선 노랑초파리라는 학명을 지닌 초파리고, 아프리카에서 유래되었어요. 사람도 조상이 아프리카에서 왔으니까, 초파리도 우리도 모두 아프리카 태생인 셈이죠.

어쨌든 제일 재미있는 건 야동이니까 야동으로 돌아와서, 초파리 수컷이 암컷을 쫓아다니는 행동을 오리엔테이션orientation이라고 불러요. 오리엔테이션 다음 행동이 태핑tapping이라고 암컷을 툭툭 칩니다. '너, 나 좋니?'라면서 야하게 유혹하는 거죠. 그 다음에 체이스chase. 막 쫓아다니기 시작해요. 암컷이 허락할 때까지. 암컷은 계속 고르고 있는 거예요. 그 다음에 노래를 불러요. 초파리는 날개로 노래를 불러요. 한쪽 날개만 움직여서 소리를 내는데, 암컷이 그 날갯소리를 듣고 수컷이 건강한지 아닌지를 판단을 해요. 그 다음에 거사를 치르죠. 암컷이 '너 정도면 되겠다'라고 허락한 거예요. 그러니까 암컷은 이 소리로 수컷의 건강이나 여러 형질을 측정하는 겁니다. 그러니 암컷은 소리를 듣는 기관이 엄청 발달되어 있겠죠? 어떤 나방들은 초음파로 구애를 한다고도 하잖아요. 그래서 이 초파리 구애행동은 동물이 어떻게 소리를 구분하는가에 대한 유전학적 모델로도 많이 사용되곤 해요.

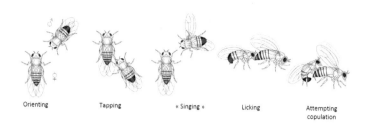

Orienting   Tapping   « Singing »   Licking   Attempting copulation

• 수컷 초파리의 구애행동 •

원 ─ 초파리는 섹스를 얼마나 해요?

김 ─ 한 20분 정도 해요. 사람보다 오래 하죠?

원 ─ 사람 나름이겠죠?(웃음)

김 ─ 20분 정도 지나면 암컷과 수컷은 떨어집니다. 이걸 초파리를 연구하는 학자들이 코트십courtship behavior이라고 해요. 우리말로 번역하면 구애행동이겠네요. 저 행동을 조절하는 유전자들을 발견해온 거예요. 어떤 유전자들이 저 행동을 조절하는지.

아주 재미있는 것들을 많이 발견했어요. 수컷 초파리가 암컷에게 날개로 노래를 한다고 했잖아요. 암컷은 노래를 듣고 판단하거든요. 그런데 어떤 유전자가 망가지면 송 프리퀀시song frequency가 바뀌어요. 그렇게 되면 암컷은 절대로 이 수컷을 받아들이지 않아요. 또 어떤 수컷은 열심히 구애를 해서 암컷의 승낙을 받는데, 결국 마지막 피니시finish를 못하는 수컷도 있어요.

원 ─ 인간의 삶이랑 크게 다르지 않은 것 같습니다.

김 ─ 예. 초파리는 사람이랑 굉장히 비슷해요. 예를 들어 초파리 수컷은 XY염색체를 가졌고 암컷은 XX염색체를 가졌어요. 사람하고 똑같죠? 또 초파리 수컷은 20분 정도 교미를 합니다. 인간도 한 20분 정도 한다고 알려져 있고요. 아닌가요?(웃음)

그리고 초파리로 여러 가지 다른 연구도 합니다. 예를 들어 공격성aggression을 연구해요. 초파리들은 수컷들끼리만 싸워요. 절대로 암컷을 건드리지 않아요.

원 ─ 인간하고 많이 다르군요.

김 ─ 인간보다 낫죠. 선진국의 과학자들은 초파리라는 동물로 120년 정도 연구를 해왔어요. 이렇게 긴 시간 동안 유전학자들이 개발한 유전학적 도구들은 무척이나 강력합니다. 얼마나 많이 연구했는지 잠깐 소개해드릴게요. 초파리의 뇌신경세포는 10만 개예요. 10^5개. 그런데 이 10만 개 세포 중 원하는 세포 네 개를 골라서 그 세포에서 '내가 원하는 유전자'를 '내가 원하는 시간'에 껐다가 켰다가 할 수 있어요. 그게 돼요. 그러다 보니 행동에 관심이 많았던 유전학자들이 초파리 연구로 대거 몰려든 거죠. 미국의 자넬리아 팜Janellia Farm이라는 농장이 있었어요. 농장 주인의 딸 이름이 자넷이랑 아멜리아인가 그런데 그걸 합쳐서 자넬리아라고 했대요. 그래서 자넬리아 팜인데, 이 사람이 농장을 <u>하워드 휴즈의학연구소</u>에 기증을 해요.

원 ─ 그 하워드 휴즈Howard Hughes인가요?

김 ─ 예, 영화 〈에비에이터〉에 나오는 하워드 휴즈 맞아요. 레오

나르도 디카프리오가 연기했었죠?

원 ─ 괴짜 부자?

김 ─ 예, 괴짜 부자. 그 농장 주인이 기증하면서 연구소를 세워
달라고 요청해요. 그래서 세워진 연구소가 자넬리아 팜 연구소
입니다. 이 연구소에서는 돈은 안 되지만 장기적으로 연구해야
만 하는 과제들을 연구해달라고 부탁했어요. 지금 이 연구소에
는 온갖 초파리를 연구하는 사람들이 모여서 초파리 연구를 합니
다. 초파리를 연구하는 한국인 과학자를 본 적 없죠? 왜냐하면
한국에서는 초파리가 인간과 다르다고 지원을 안 하기 때문이에
요. 무슨 암이나 알츠하이머 연구 같은 데에만 국가연구비가 집
중되기 때문입니다. 우리도 하워드휴즈연구소 같은 민간재단이
기초연구를 좀 지원할 필요가 있어요. 삼성이 그런 재단을 만들
었다고 듣긴 했는데, 미국의 민간재단 규모에 비하면 새발의 피
도 안 되죠. 국가는 그런 기초연구비에 기업이 투자하는 돈은 세

하워드휴즈의학연구소 하워드휴즈의학연구소(Howard Hughes Medical Institute, HHMI)는
1953년 플로리다주 마이애미에 처음 설립된 비영리 의료 연구를 하는 조
직으로 182억 달러의 기부금을 가진 세계에서 두 번째로 우수한 의료 연
구 재단이다. "삶 자체의 기원"을 이해하는 것이 연구의 목표이다. 하지
만 이런 원칙에도 불구하고, 초기에는 휴즈의 개인 재산에 대한 세금 피
난처로 여겨졌다. 수년간의 씨름 끝에 비영리적인 지위를 유지할 수 있
게 되었다.

금을 면제해주는 장치를 마련하고, 해당 연구비가 제대로 집행
되는지 감시만 하면 됩니다.

원 — 그 말씀은 우리나라 기초연구를 돌아보자는 거죠? 그건 차
차 이야기하기로 하겠습니다.

유전학의 흑역사,
우생학

원— 다시 초파리로 돌아가겠습니다. 지금 말씀하신 게 유전자가 어떻게 행동을 결정하는지에 대한 부분을 초파리로 연구한다는 거죠?

김— 유전자 수준에서 연구하긴 하지만, 실제로는 신경회로 수준에서 행동이 결정됩니다. 어쨌든 일단 유전자라고 칩시다. 설명하기 복잡하니까.

원— 그런데 언뜻 생각하기에는 당연한 게 아닌가라는 생각이 들때가 있거든요. 유전자가 생김새도 만들고, 행동양식도 결정을 하는 게 당연하다는 생각이 들어요. 상식적으로. 그런데 초파리를 통해서 연구되고 새로 밝혀지는 영역들은 무엇인가요?

김— 유전학자들에겐 우생학과 같은 안 좋은 역사가 있죠. 독일이나 미국은 특히나 더. 미국 민법의 학문적 배경background을 제공

했던 사람들이 바로 우생학자들이에요.

원 ─ 혹시 우생학이 뭔지 들어보셨어요?

김 ─ 잠깐 설명하고 넘어갈게요. 우생학은 유전학이 잘못 응용된 케이스였어요. 과학이 섣부르게 응용학문으로 발전했을 때 나타나는 가장 악독한 케이스지요. 나치는 우생학을 인종청소를 하는 과학적 근거로 사용을 했습니다. 미국은 이민법이라는 법률로 다른 인종을 받아들이지 않았고, 그리고 저소득층의 여성들을 불임시술을 시켰어요. 이 법을 제정하는 데에 근거가 된 것이

우생학 우생학(優生學, eugenics)은 종의 개량을 목적으로 인간의 선발육종을 찬성하는 생각이다. 인류를 유전학적으로 개량할 것을 목적으로 하여 여러 가지 조건과 인자 등을 연구하는 학문으로 1883년 영국의 프랜시스 골턴이 처음으로 창시했다. 열악한 유전소질을 가진 인구의 증가를 방지하는 것이 목적이다. 골턴은 광범위한 가계조사 자료를 바탕으로 인간의 지적, 도덕적 능력이 환경의 영향과 관계없이 유전적으로 결정된다고 말하면서 사회가 적극적으로 개입하여 인위적인 선택을 수행해야 한다고 주장하였다. 이러한 인위적 선택은 지적, 도덕적으로 우월한 사람이 더 많은 자손을 남기도록 장려되는 것과 열등한 사람은 되도록 자손을 남기지 못하도록 억제하는 것이다. 이것을 실현시키는 방법과 그 과학적 기초를 '우생학'이라 불렀다.

후에 우생학은 단어 자체가 나치의 대학살을 연상하게 하는 나쁜 함의를 갖게 됨으로 제2차 세계대전 이후 대부분의 나라에서 쇠퇴하였다. 강제적인 불임 시술과 거세, 학살은 1945년에서 1950년을 기점으로 대부분 중단되었으며, 각국의 우생학회는 이름을 바꾸었고, 우생학 학술지도 폐간하거나 유전학 학술지라는 이름으로 변경되었다.

우생학이었습니다. 아주 최악의 학문이지요.

그런데 옛날, 20세기 초반의 유전학자들은 다 우생학자였어요. 2차 세계대전이나 이런 것들이 끝나고 유전학이 발전하면서부터 유전 따로, 환경 따로 생각하지 않고 유전자가 행동을 조절을 하더라도 환경에 영향을 받는다는 것을 알게 됐어요.

그렇지만 유전자가 모든 것을 결정하는 경우도 있어요. 예를 들자면 가장 잘 알려진 것이 <u>헌팅턴 무도병</u>이에요. 이 질병은 헌팅티huntingti라는 단백질에 특정 아미노산이 몇 개 반복됐느냐에 따라 몇 세에 그 병이 걸릴지 정확하게 결정이 돼요.

원━ 유전자에 의해서 완전히 결정되는군요.

김━ 네. 하지만 대부분의 병들은 그렇진 않죠. 대부분의 병은 유전과 환경의 상호작용에 의해서 결정이 됩니다. 그러니까 유전

헌팅턴 무도병　헌팅턴 무도병Huntington's chorea disease은 일반적으로 사람의 부모로부터 유전되는 우성유전병이다. 이 질병은 헌팅티라는 유전자의 두 사본 중 하나의 상염색체의 우성 돌연변이에 의해 발생한다. 어린 시절부터 노년 사이의 어느 때라도 발병할 수 있지만, 보통은 30세에서 50세 사이에 발병한다. 뇌세포의 죽음을 초래하는 유전 질환으로 4번 염색체의 헌팅턴Huntington 유전자의 특이서열의 반복횟수에 의해 발병한다. 이 유전자에는 'CAG' 세 개의 염기가 반복되어 나타나는 특이한 서열이 존재하는데, 정상인은 19회 정도 반복하지만 헌팅턴병 환자에게서는 40회 이상 나타난다. 이 반복횟수는 헌팅턴병이 발병하는 나이와 반비례하기 때문에 유전자 검사로 발병시기를 예측할 수 있다.

1914-LIFE Magazine

DOWN AND OUT

• 우생학은 유전학이 잘못 응용된, 가장 악독한 케이스다 •

학에 딜레마가 많이 생기는 거예요. 유전학자들은 유전자가 행동을 어떻게 조절하는지를 연구하는데, 실제로 인간이나 복잡한 고등동물에서는 환경의 영향이 훨씬 더 크거든요.

초파리를 연구하면서도 유전자보다 환경에 영향을 많이 받는 연구주제가 뭘까 항상 고민을 했습니다. 지금 제가 연구하는 주제가 그런 거예요. 단순히 유전자에 의해 수컷이 섹스를 오래 하는 게 아니라 이 수컷이 처해 있는 환경적 맥락이 이 행동을 결정한다는 거죠. 그러니까 유전자는 바닥만 깔아주는 것이고, 그다음 행동은 환경이 결정하는 것이지요.

원 — 초파리조차 그런가요?

김 — 초파리'조차'가 아니라 초파리'도' 그런다는 거죠.

원 — 아… 네. (웃음) 초파리도 그렇군요. 사람처럼.

김 — 초파리도 그래요. 그걸 맥락 의존 행동context dependent behavior이라고 해요. 예를 들어 카메라로 영상을 찍을 때 화면 밖으로 나가면 소리만 나가겠죠? 팟캐스트로 듣는 분들을 위해서 설명을 좀 더 자세히 설명해볼게요. 초파리들이 사슬을 만들면서 날 때가 있어요. 이 모습을 처음 발견했던 과학자가 굉장히 감동을 해서 시를 썼다는 이야기도 있어요. (웃음) 이렇게 나는 초파리들은 다 수컷이에요.

그런데 이 모습을 보자면, 수컷이 앞의 수컷에게 구애를 해요. 나란히 줄을 서서 앞의 수컷들에게 구애를 하다 보니까 체인이 생겨요. 동성애로 볼 수 있죠. 어떤 유전자가 망가져서 이런 현상이 나타날 수도 있죠. 하지만 자연계에 있는 정상적인 초파리 수컷의 한 10퍼센트가 이런 성향을 보여요. 동성애는 유전적 질환이 아니라는 거죠. 동성애는 자연계에 존재하는 자연스러운 변이의 일종이라는 것의 근거가 될 수 있어요. 이게 왜 존재하느냐를 가지고 사람들이 연구를 해요. 어쨌든 동성애에 관련된 유전자들이 초파리에서 처음 알려졌어요.

원 ― 사람도 비슷한 걸 갖고 있나요?

김 ― 사람도 비슷한 유전자가 있다고는 하는데, 사람에게 인위적으로 돌연변이로 만들 수 없으니까 확인해본 건 아니에요. 그런데 사람에서는 동성애가 결정되는 기제機制가 좀 더 복잡해요. 유전자 하나가 망가져서 되는 게 아니거든요. 사람 같은 경우에는 여러 유전자가 관여하는데 그걸 알레일allele이라고 해요.

원 ― 그냥 그런가 보다 하세요. 알려고 하지 마시고요. (웃음)

김 ― 알레일. 발음도 어려워요. 한국 교과서에는 상동유전자라고 번역했더라고요. 눈동자 색만 봐도 어떤 사람 눈동자는 파랗고 어떤 사람은 까맣잖아요. 그 형질을 결정하는 유전자들은 보통 염색체상의 같은 자리에 있어요. 혈액형도 마찬가지고요. 혈액형 이야기가 나와서 말인데 잠시 샛길로 새서 혈액형 이야기 잠깐 하고 지나갈까요? 무슨 형이세요?

원 ― O형이에요. O형 성격이 제일 좋다고 하죠?

김 ― 제가 무슨 형일 것 같으세요?

원 ― AB형?

김 ― 그래 보이죠? 그런데 저는 A형이거든요. 지금까지 한 명도 못 맞히더라고요.

원 ― 혈액형이랑 성격, 성향이 정말 관련이 있어요? 생물학자 입장에서 말씀 좀 해주세요.

김 — 이미 사회에 퍼져버린 이상한 선입견 때문에 혈액형에 관한 괴담을 바로잡는 건 거의 불가능해요. 저도 요즘에는 농담처럼 같이 이야기하곤 해요. 그걸 어떻게 계몽하겠어요? 저절로 사라질 때까지 놔둬야 하는데 불가능하죠.

혈액형을 결정하는 유전자는 적혈구의 당sugar 사슬을 만드는 유전자예요. 그러니까 혈액형별 성격을 믿는다는 건 여러분이 여러분 적혈구에 있는 당 사슬 만드는 유전자가 여러분 성격을 결정한다고 믿는 거나 진배없죠. 그래도 기분이 좋으면 믿으시면 돼요.(웃음)

원 — 그러니까 아닌 거군요. 전혀 근거가 없는 거죠?

김 — 인터넷에 많이 있으니까 읽어보시면 참고가 될 거예요. 아무튼 알레일, 상동유전자 이야기를 했었죠? 여기서 중요한 건 돌연변이랑 상동유전자를 구분해야 한다는 겁니다. 상동유전자는 자연계에 원래 있는 거예요. 우리는 어머니, 아버지한테서 서로 다른 상동유전자를 물려받습니다. 그래서 어떤 유전자는 어머니쪽이 발현되고, 어떤 유전자는 아버지 쪽이 발현되고, 어떤 경우에는 같이 발현되어서 그 중간형질이 나오기도 해요. 그게 상동유전자거든요.

그런데 자연계에 존재하는 수컷의 10퍼센트 정도가 동성애라는 건 알레일이 다른 초파리들이 있다는 거예요. 보통 초파리의 경우에는 양성애니까요. 이런 변이는 집단에 자연적으로 존재하는 변이예요.

　나중에 특정 초파리들한테 좋은 환경으로 바뀌었을 경우, 그 상동유전자가 선택되어서 더 많은 자손을 퍼트리고, 진화가 일어납니다. 초파리 유전학자들은 이 연구를 위해 돌연변이를 인위적으로 일으킵니다. 자외선을 쪼이거나 화학물질로 말이죠.

　그러니까 이걸 착각하시면 안 돼요. 제가 한번은 강의를 하다 말실수를 한 적이 있어요. 저 초파리들은 실험을 위해서 일부러 유전자를 망가뜨린 애들이거든요. 그래서 유전자가 망가져서 동성애가 생겼다고 이야기한 거예요. 그랬더니 강의가 끝나고 한 분이 물으시더라고요. '그럼 동성애는 유전자가 잘못돼서 생기는 거냐'라고 말이죠.

원― 그렇게 생각할 수 있죠.

김― 그렇죠. 가치가 개입됐잖아요. 그런데 그게 아니에요. 저런 실험으로 유전학자들이 알아내는 건 '해당 유전자가 이성을 파악하는 데 중요한 역할을 한다'이지 '이 유전자가 동성애를 결정한다'라는 걸 알아내는 게 아니거든요. 그걸 착각하면 안 됩니다.

　그런데 언론을 거치면 말이 와전돼요. 연구자들이 어떤 유전자의 기능을 밝히면 언론들은 그것을 대중이 알아듣기 쉽게 바꾸거든요. 그렇게 포장을 안 하면 사람들의 눈을 사로잡을 수 없으니까요.

원― 그렇죠.

김― 최근 연구를 예를 들어볼게요. 초파리 수컷끼리는 복싱하듯이 싸워요. 서로 툭툭 칩니다. 잽jab을 날리는 거죠. 그런데 절대 암컷한테 싸움을 걸지 않아요. 암컷한테는 절대 그런 짓을 안 합니다. 제가 있는 연구실에서 쓴 논문인데요, 2008년《사이언스Science》에 실렸습니다. 이걸 잠깐 살펴보고 갈게요. 암컷은 알을 낳을 때 장소를 굉장히 신중하게 골라요. 이걸 모성애라고 해석을 할 수도 있겠네요. 초파리도 사람하고 똑같은 게 암컷이 더 똑똑해요. 수컷은 스위치가 하나잖아요. 먹는 거, 하는 거. 그런데 암컷이나 여성분들은 굉장히 섬세해요. 뇌를 쓸 일이 많은 거죠. 재밌는 점은 암컷이 알을 낳는 장소가 설탕농도가 낮은 곳이라는 거예요.

원— 아래 그림의 바닥에 설탕이 깔려 있는 건가요?

김— 네, 초록색 바탕과 빨강색 바탕은 설탕농도가 달라요. 초록색이 더 설탕농도가 낮은 데예요. 암컷 초파리는 왔다 갔다 하면서 양쪽을 비교해요. 그리고는 낮은 데에다만 알을 낳아요. 왜 그런지는 몰라요.

원— 아, 몰라요?

김— 안 물어봤으니까 모르죠. 아마도 천적이나 여타 다른 곤충들이 설탕에 꼬일 가능성이 더 많으니까 낮은 데에다 낳는 것 같아요. 그런데 저걸 저희 연구실에 있던 친구가 의사결정모델decision making model로 초파리를 쓸 수 있다고 살짝 확대해석 해서 논문을 낸 거예요. 2012년에《사이언스》에 실린 논문은 더 재밌습니

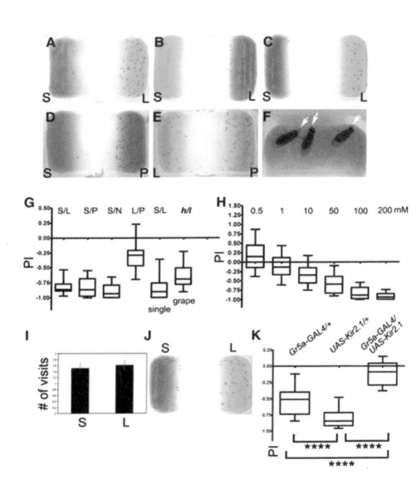

• 암컷 초파리는 설탕농도가 낮은 초록색 바탕에만 알을 낳는다 •

다. 아마 들어보셨을 거예요. 초파리 수컷이 암컷을 쫓아다니다가 교미를 결국 못 하면 술을 더 많이 마셔요. 알코올을 더 많이 흡수하는 거죠.

원 ― 알코올을 더 많이 마시는지는 어떻게 구하나요?

김 ― 실험으로 알아내는 거니까 대조군을 만들면 돼요. 암컷이 섹스를 하지 않도록 만들 수 있거든요. 한 번 경험을 한 암컷은 적어도 일주일 동안은 다른 수컷과 교미를 하지 않아요. 대조군을 이 암컷으로 설정해놓으면 이쪽 수컷은 절대 섹스를 못 합니다. 그 다음 각각의 실험군에게 두 가지 선택지를 주는 거예요. 알코올이 많은 음식과 적은 음식이지요. 그랬더니 교미에 실패한 수컷 초파리들은 알코올이 많은 쪽을 선택하더란 거죠.

원 ― 마음이 안 좋아서 그런 걸까요?(웃음)

김 ― 이 논문이 나오니까 언론에서는 초파리 수컷들을 의인화해서 술집에서 좌절하며 술을 마시는 그림을 그리더란 거죠. 사람하고 똑같다는 뉘앙스로 말입니다. 그런데 실상은 그게 아니거든요. 수컷 초파리가 인간처럼 좌절을 해서 술을 마시는 게 아니라, 아마도 알코올에 있는 칼로리라도 더 섭취해서 힘을 내려고 하는 게 아닐까 하고 추측합니다. 왜 그런지는 정확히 모르죠. 그냥 그런 행동이 나타난다 정도만 이야기하는데, 이게 언론을 거치면 와전이 되곤 해요. 게다가 《사이언스》나 《네이처Nature》도 그런 걸 좋아해요. 섹시한 거.

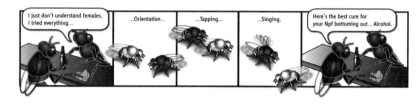

• 교미에 실패한 수컷 초파리들은 알코올이 많은 쪽을 선택했다 •

이건 짚고 넘어가면 좋겠어요. 《사이언스》, 《네이처》가 <u>임팩</u><u>트 팩터</u>가 높긴 하지만, 교과서에 실리는 정확한 실험들을 많이 싣는 것보다 대중이 좋아할 만한 논문을 선호해요. 그래서 《사이언스》와 《네이처》는 잡지, 매거진magazine인 거예요. 《셀Cell》 같은 게 저널journal이지요. 차이가 있어요. 그런데 《사이언스》가 그런 논문을 많이 싣거든요. 그래서 그렇게 포장이 돼버린 거예요. 언론까지 합세하면 걷잡을 수가 없어요. 그렇게 되면 사람들은 이렇게 이야기하게 됩니다. '초파리 수컷이 암컷에게 거절당했을

> **임팩트 팩터**　임팩트 팩터impact factor, IF는 피인용지수라고도 쓴다. 자연과학·사회과학 분야의 학술 잡지를 대상으로 삼고, 그 잡지의 영향도를 재는 지표다. 유진 가필드Eugene Garfield가 1955년에 고안한 것으로, 현재는 매년 톰슨 로이터의 인용 문헌 데이터베이스인 'Web of Science'에 수록되는 데이터를 바탕으로 산출하고 있다. 대상이 되는 잡지는 5,900개의 자연과학 잡지, 1,700개의 사회과학 잡지다. 연구자나 연구 기관 및 잡지를 평가할 목적에서 사용되기도 하지만 어디까지나 임팩트 팩터는 특정의 저널의 '평균적인 논문'의 피인용 횟수에 지나지 않는다.

때 알코올을 마시는 유전자를 발견했다.' 이렇게 되는 거예요. 유전학에 관한 오해란 것들이 이런 식으로 형성이 돼요.

심지어 이런 만화까지 나왔어요. 만화 내용이 뭐냐면 남자들이 여자한테 전화하는 거 보통 싫어하잖아요. 전화하는 걸 싫어하도록 반응하는 유전자를 발견했다 식의 내용이에요. 그런데 그런 유전자 없어요. 어떻게 세상에 그런 유전자가 존재할 수 있겠어요.

원— 사실 저희도 좀 그런 유혹을 느꼈거든요. 거절당한 초파리가 술 먹고, 꼬장 부리고 이런 거. 언론 입장에선 이런 식으로 내보이고 싶은 마음이 들 것 같아요.

김— 그렇게 내보내면 신문이 많이 팔리겠죠.

원— 저희도 미디어라서 그런 식으로 하면 사람들이 좋아하겠다는 생각이 먼저 들긴 합니다. 그런데 이런 생각도 들어요. 술 문제 정도는 어쨌든 간에 큰 가치판단이 적용이 안 되는 부분이지만, 동성애 같은 경우에는 얼마든지 오용될 수 있는 가능성이 있겠다 싶습니다. 동성애를 유전자가 망가져서 생겼다고 하면서 동성애와 같은 특정한 성향을 가진 사람들, 비단 동성애뿐만 아니겠네요, 그런 사람들을 애초부터 환자나 돌연변이로 몰아세울 수도 있겠습니다. 그런 식으로 몰아세운다면 일반인들이 판별하기는 참 어려울 것 같아요.

김— 어렵죠. 이런 면들 때문에 예전에 벤저가 처음 유전학 연구

• 리처드 루원틴(좌), 스티븐 제이 굴드(우) 같은 유전학자는 사회문제에 관심이 많다 •

를 할 때 공격을 받은 거예요. 특히 사회과학자들이 벤저의 연구를 조목조목 비판했어요. 위험성이 보였기 때문이죠. 저런 식으로 연구가 되거나, 연구의 내용이 와전되면 사람을 유전자로 서열화할 수도 있겠다 싶은 거죠. 특히 정치인들이 잘못 사용하기 시작한다면 더 곤란해질 거예요.

원 ― 그렇겠네요.

김 ― 벤저는 천생 과학자여서 저런 날선 비판들에도 아무런 반응을 하지 않고 그냥 연구만 했어요. 그런데 유전학자들 중에 굉장히 진보적인 사람들이 이상하게 많아요. 리처드 루원틴 같은 사람도 초파리를 연구하거든요. 리처드 루원틴은 우리나라에서도 『삼중나선』, 『우리 유전자 안에 없다』 같은 책으로 소개된 적 있는 과학자입니다. 스티븐 제이 굴드의 친구예요. 스티븐 제이 굴드는 리처드 도킨스랑 싸운 걸로 유명한 과학자죠. 이분들은 사이언스 포 더 피플Science for the People이라는 민중을 위한 과학 커뮤니

리처드 루원틴 리처드 루원틴Richard C. Lewontin은 미국의 진화생물학자, 유전학자이자 사회논평가로도 활동한다. 인구유전학 및 진화이론의 수학적 기초를 개발한 선구자적 인물이다. 또 분자생물학에서 유전자 변이를 다루는 기술의 응용분야를 개척했다. 스스로를 마르크스주의자로 이야기하곤 한다.

스티븐 제이 굴드 스티븐 제이 굴드Stephen Jay Gould는 가장 영향력 있는 진화생물학자 가운데 한 명으로 꼽힌다. '유성 생식을 하는 생물 종의 진화 양상은 대부분의 기간 동안 큰 변화 없는 안정기와 비교적 짧은 시간에 급속한 종분화가 이루어지는 분화기로 나뉜다'라는 진화 이론인 단속평형설을 최초로 발표했다. 과학사가이자 교양과학 작가이기도 한 굴드는 일생에 걸쳐 인종 차별, 성 차별과 같은 차별과 이에 대한 의사 과학에 반대했다. 또한 진화 이론에서 자연선택만을 강조하는 것에 반대하고, 자연선택을 인간에게 적용하는 사회생물학이나 진화심리학 등에 대한 반대 의견을 내는 대표격 인물이었다. 또 창조론을 부정했으며 과학과 종교는 서로 중첩될 수 없는 별개의 권위 체계를 이루고 있다고 주장하였다.

리처드 도킨스 리처드 도킨스Richard Dawkins는 영국의 동물행동학자, 진화생물학자 및 대중과학 저술가이다. 도킨스는 진화에 대한 유전자 중심적 관점을 대중화하고 밈meme이라는 용어를 도입한 1976년 저서 『이기적 유전자』로 널리 알려졌다. 또 1982년 그는 표현형의 효과가 유기체 자신의 신체만이 아니라 다른 유기체들의 신체를 포함한 넓은 환경으로 전달된다는 것을 보여준 저서 『확장된 표현형』으로 진화생물학계에서 폭넓은 인용을 받았다. 무신론자이며, 철저한 인본주의자, 회의주의자, 과학적 합리주의자이다.

티도 만들었어요. 어쨌든 초파리 유전학자들은 자신들의 연구의 위험성을 감지하고 있기 때문인지 사회문제에 더 많이 관심을 갖는 것 같아요.

원 — 위험하니까 오히려 더 관심을 갖는 거군요.

김 — 네. 저도 같은 마음이에요. 왜냐하면 제 연구가 그런 식으로 확장되고, 왜곡되는 걸 원하지 않거든요. 그래서인지 굉장히 그런 거에 대해 민감해요. 연구는 재밌는데 연구가 지닌 파장이 어떤 때는 상상을 초월하고, 내가 감당할 수 없는 일들로 번질 수도 있어요. 특히 생물학은 더 그렇죠.

유전되는 것은
무엇일까?

원 — 요즘 유전학 분야에 대한 관심이 더 커진 것 같아요. 우리나라뿐만 아니라 미국이나 전 세계 흐름이 그래요. 그런데 방금 말씀하신 것들을 비추어 봤을 때 사람들이 주로 과학적인 내용이 아니라 그것을 해석해서 자기에게 유리한 방향으로 사용하려 한다는 점이 위험해 보입니다. 게다가 사용할 곳이 굉장히 많아요. 그렇기 때문에 오히려 조심하고 더 관심을 기울이게 됩니다.

김 — 그런데 초파리는 걱정 안 하셔도 돼요. 초파리는 초파리니까 괜찮은 거죠. 인간하고 유전학적으로 멀잖아요. 그러니 정말 위험한 과학자들은 쥐를 연구하는 사람들이에요.

원 — 진지하게 하시는 말씀이시죠?

김 — 과학적인 이야기죠.

원 — 쥐가 상징하는 어떤 것들이 있어서 말입니다. (웃음)

김 — 네, 잘 압니다. 그래서 쥐가 더 싫어졌죠. 그런데 저는 진짜로 쥐를 싫어해요. 싫어하는 데에는 여러 가지 이유가 있는데, 첫째로 쥐를 연구하는 사람들은 부자예요. 쥐 실험실을 유지하려면 돈이 굉장히 많이 들기 때문에 일단 돈이 많아야 하거든요.

원 — 아, 그래요?

김 — 초파리 연구자들보다 돈을 10배 이상 써요. 같은《네이처》급 논문을 쓰는데도 쥐 연구자들은 어마어마하게 많은 돈을 쓰거든요. 그런데 사실 쥐 연구하는 사람들이 쓰는 유전학적 툴tool이 다 초파리에서 나왔거든요. 초파리 연구자들이 만들면 쥐 연구자들이 가져가서 쓰는 식으로 연구를 해요. 최근에 쥐 연구자들이 행동유전학을 연구하기 시작했어요. 연구하는 데 시간은 좀 더 오래 걸려요. 초파리는 열흘이면 성체가 되는데 쥐는 성체가 되려면 적어도 3개월은 걸리기 때문이죠. 그런데 거기서 만약에 엄청난 결과가 나오면 사회적 파급력이 아주 큽니다. 쥐는 사람처럼 척추가 있는 포유동물이잖아요. 그런데 초파리는 곤충인데다가 척추도 없어요.

생물학자들이 쥐를 연구하는 이유는 연구비를 따기 쉽기 때문이에요. 인간하고 가까우니까 연구비를 지원받기 훨씬 쉽죠. 개나 돼지, 토끼 같은 모델생물들은 덩치가 크기 때문에 쥐보다 돈이 많이 들어요. 그래서 쥐가 가장 좋은 모델생물인 거예요. 특히 약 치료제 만들 때.

제가 쥐를 싫어하는 또 다른 이유가 있는데, 쥐 연구하는 사람들이 굉장히 경쟁적이기 때문이에요. 자기 데이터 숨기고, 남한테 안 보여주고, 좀 달라고 하면 안 주고 그래요. 그 사람들도 꼭 쥐 같아요.

원 — 돈이 되는 분야라서 그런가요?

김 — 돈이 몰리면 아무래도 그렇겠죠. 돈이라는 게 원래 가족도 싸우고 갈라지게 만들지 않습니까. 돈이 많은 분야에 있는 학자들은 좀 야망이 많고 욕심이 많은 경향이 있죠.

원 — 네.

김 — 과학 커뮤니티는 자기의 모델생물에 따라서 전통이 각기 다르거든요. 예를 들어 초파리는 전통이 오래됐습니다. 100년이 넘었어요. 어른인 셈이죠. 이런 커뮤니티는 요청하면 다 줘요. 안 숨깁니다. 오히려 숨기면 커뮤니티에서 매장당해요. 또 초파리에서 나온 선충線蟲인 예쁜꼬마선충이란 게 있어요. 유튜브에

예쁜꼬마선충 예쁜꼬마선충Caenorhabditis elegans은 썩은 식물체에 서식하며 길이 1밀리미터의 투명한 몸을 가진 선형동물의 일종이다. 예쁜꼬마선충이 가진 여러 특징들 때문에 다세포 생물의 발생, 세포생물학, 신경생물학, 노화 등의 연구에서 모델생물로서 많이 쓰인다. 꼬마선충은 다세포 생물 중에서 가장 먼저 전체 DNA의 염기서열이 분석된 생물이다. 대략 1억 개의 염기쌍을 가졌다. 또 인간 유전자 수와 비슷한 수의 약 1만 9,000개의 유전자를 지녔다.

예쁜꼬마선충이라고 검색하면 조선대학교 조은희 교수님과 서울대 이준호 박사님이 《네이처뉴로사이언스》에 낸 논문에 대한 다큐멘터리가 있어요. (https://youtu.be/bKeaBSiQevA) 실험실에서 이런 연구가 어떻게 진행되고, 논문이 어떻게 나오는지에 대한 다큐멘터리예요. 굉장히 감동적입니다.

다시 유전학 이야기로 돌아가서 예쁜꼬마선충이라는 모델생물 연구 커뮤니티는 초파리에서 생겨났어요. 초파리에서 모티브를 받았거든요. 그래서인지 예쁜꼬마선충을 연구하는 커뮤니티도 초파리 커뮤니티랑 똑같아요. 요청하면 다 줍니다. 숨기면 매장당하는 것도 마찬가지고요. 원래 과학에는 공유정신이 깔려 있어요. 과학자들이 굉장히 차가워 보이지만 과학적 지식이 모두에게 공유돼야 된다는 전통적 관념은 항상 갖고 있거든요. 그걸 따르는 사람들이 초파리 커뮤니티 같은 곳이고요. 그런데 쥐는 신생학문이에요. 1970년대 이후에 등장했지요. 그쪽 사람들은 안 그래요. 아주 쥐 같아요.

원 ― 역사가 짧은 것도 이유겠지만, 말씀하신 대로 그게 돈이 되기 때문이고, 또 의·약학과 연관돼서 그런 거겠죠?

김 ― 그렇겠죠. 그래서 쥐가 싫어요. 고등학교에서는 멘델의 유전학을 배우죠? 쭈글쭈글한 완두콩이랑 탱글탱글한 완두콩으로 배우는 유전학 말이에요. 두 번째 세대에 전부 쭈글쭈글한 게 나왔다가 그다음 세대에 3:1로 갈라진다. 우열의 원리죠. 아직도 배우나요?

원 — 네. 기억납니다.

김 — 그런데 멘델의 유전학은 현장에서 연구하는 데 아무 도움이 안 돼요.

원 — 학생 때 배운 유전학이라고 하면 기억나는 게 사실 그것밖에 없는데.

김 — 그러니까요. 아이들이 그런 것을 보고 유전학자가 되는 게 굉장히 슬퍼요. 실제로 연구자들이 쓰는 실험법에는 그런 게 전혀 중요하지 않거든요. 학창 시절에 배우는 유전학이 유전학의 뼈대를 이루고 있지 않아요. 이미 많이 변했어요. 심지어 유전학에 대해서 아무것도 모르는 사람들이 들어와도 한두 달만 공부해서 실험을 하면 연구를 할 수 있어요. 멘델 시대의 유전학은 기본이지만 중요하지 않아요. 유전학 연구를 하는 데 필수적인 요소가 아니란 거죠. 지금은 내가 원하는 세포에서 원하는 때에 유전

멘델의 유전학 멘델의 유전학은 완두콩을 이용한 7년의 실험을 정리하여 1865년에서 1866년 사이에 발표한 유전학의 법칙이다. 멘델의 유전법칙은 발표 초기 그리 큰 관심을 받지 않았으나 20세기 초 재발견된 후 큰 영향력을 발휘하였다. 토머스 헌트 모건이 보페리-서튼 유전자 이론과 함께 멘델의 유전법칙을 유전학의 기본적인 법칙으로 제시하였고, 이로써 고전 유전학이 완성되었다. 우열의 원리, 분리의 법칙, 독립의 법칙이 있다.

• 멘델의 유전학은 기본이지만 실제 연구에 중요하진 않다 •

자를 껐다 켰다 할 정도로 발전했어요. 그런 것들은 멘델 시대 유전학을 몰라도 돼요. 혹시 유전학 개념 중에 아직도 내가 이해가 안 가는 게 있으면 질문해주세요. 질의응답을 하면서 유전학에 대한 간단히 정리하고 나서 다음 이야기로 넘어가볼게요.

원— 뭘 알아야 질문을 하죠. (웃음)

김— 파토님이 궁금한 걸 질문해보세요.

원— 원래 질문시간은 뒤에 있고, 저는 보통 질문을 안 하는데 말이죠.

김— 천문학이 주제일 땐 가만히 안 계시잖아요. 제가 트위터에서 이야기한 적 있거든요. 매번 물리학만 한다고. 현재 과학의 여왕은 생물학인데.

원— 물리학자들하고 생물학자들은 종종 그런 식으로 서로를 견제하곤 하더라고요.

김— 저희가 주로 무시를 당하죠. 무슨 그게 과학이냐고.

원— 유전학에 대해 학문적으로 유의미한 질문은 제가 못할 것 같고, 평소 궁금했던 걸 물어볼게요. 잠깐 이야기가 나왔지만 가끔 그런 생각이 들 때가 있어요. 저는 뭐가 유전인지 잘 모르겠어요. 우리가 하는 행동이나 말, 이런 것들이 어디서부터 어디까지 유전의 영향을 받은 거고, 어디까지 환경에 의해서 주입된 거고, 어디까지 내가 선택한 건가. 이런 걸 생각할 때면 항상 혼란스럽거든요. 그런데 아버지나 어머니를 보면 '저 행동은 분명히 유전이다!'라는 생각이 들 때가 있어요. 좋기도 하고, 싫기도 하죠? 어쨌든 우생학까지 가지 않더라도 우리가 생각하고 판단하고 사는 것들이 얼마나 생물학적으로 결정되고 지배를 받는지가 궁금하긴 해요. 유전학자나 생물학자들이 밝혀낸 것들이 있는지 궁금했어요.

김 — 우리도 몰라요.(웃음) 예를 들어 이 행동의 몇 퍼센트는 유전의 영향을 받고 몇 퍼센트는 환경의 영향을 받는다와 같은 이야기를 하는 사람들이 있곤 하죠? 그런데 이런 이야기들 대부분은 유전학자들이 하는 이야기가 아니라 심리학 계통에서 연구하는 분들이 하는 이야기예요. 쌍둥이 연구 같은 걸로 근거를 찾죠. 그런데 그건 전통적 유전학이 아니에요.

원 — 김 박사님은 쌍둥이시죠?

김 — 네. 저는 일란성 쌍둥이로 태어났어요. 어떻게 보면 유전학자가 된 건 운명 같은 거죠. 저희 형은 저의 실험동물이에요. 형은 모르겠지만. 가끔 형이 이야기를 하거나 어떤 행동을 할 때 계속 관찰을 해요. '아, 나도 저런데, 저건 진짜 유전인가 보다' 하고 말이죠. 그런데 형이랑 제가 결정적으로 다른 점이 있는데, 좋아하는 여성상이 달라요. 굉장히 많~이 달라요. 제 생각엔 이 부분은 유전적인 게 아닐 것 같아요.

　어떤 부분이 유전이고, 어떤 부분이 환경이냐 하는 것은 어려운 문제입니다. 사실 복잡한 행동일수록 유전자의 영향을 덜 받습니다. 대부분 그래요. 특히 인간의 사고와 같은 건 거의 영향을 안 받는다고 봐요. 인간은 원래 읽고 쓰게 진화하는 동물이 아니거든요. 그러니까 우리가 읽고 쓰는 능력은 전적으로 완전한 환경의 선물인 거예요. 이건 안 배우지 않으면 할 수 없어요. 이건 문화가 만든 거죠.

저는 과학자치고 글을 많이 쓰잖아요. 많이 쓰다 보니 알게 된 건데 글쓰기는 전적으로 연습이에요. 계속적이고 반복적인 연습을 하지 않으면 늘지 않더라고요. 그런데 대중들은 글쓰기도 타고난 천재가 있다고 이야기하곤 하죠. 그런데 저는 절대로 그렇게 생각하지 않아요. 이런 분야의 일은 유전자가 관여하는 한계가 분명히 정해져 있다고 봐요.

원 — 재능의 차이도 유전자에 의해 결정되는 것이 아니라는 말씀이신 거죠?

김 — 네. 모든 재능이 유전자가 결정하지 않는다는 건 아니에요. 스포츠 선수 같은 경우, 예를 들어 마라톤 선수 같은 경우는 고지대에서 태어난 사람들이 유리한 게 당연해요. 고지대에서 태어난 사람들은 적혈구가 산소랑 더 잘 붙도록 유전자가 선택됐거든요. 이런 건 유전이 맞아요. 하지만 그 외에 일반 지능이나 이런 것들이 유전된다는 말에는 크게 동의하지 않아요. 이런 이야기는 주로 심리학 하는 분들이 많이 이야기하더라고요. 유전학자들은 그런식으로 이야기 안 합니다. 근데 대중은 잘 몰라요. 왜냐하면 유전학자들은 뉴스에 잘 안 나오거든요. 뉴스에 등장할 기회가 별로 없어요.

원 — 슬픕니다.

김 — 네. 그렇죠. 솔직히 심리학 논문을 읽으면 재밌잖아요. 이야기하기도 좋고요. 그런데 어떤 유전자가 어떤 약이 작동하는

데 더 중요하다, 혹은 이런 걸 발견했다 같은 뉴스는 재미가 없어요. 한국인 과학자가 어떤 세포가 어떤 세포로 바뀌는 데 어떤 유전자가 굉장히 중요하다는 연구결과를 발표했고 이 논문이 《셀》에 실렸다고 해봅시다. 이게 언론을 거치면 '암 정보 완치의 길 열려'란 식으로 보도가 돼요.(웃음) 그런 기사를 클릭해서 읽어보면 유전자 하나를 없애서 어떤 세포가 암세포가 안 되게 만들었다는 연구거든요.

그런데 심리학은 그런 포장을 안 해도 자체로 사람들한테 굉장히 매력적이에요. 왜냐하면 사람을 상대로 실험을 하니까 그렇죠. 그런데 세포나 초파리로 연구하는 사람들은 한 번 포장을 하지 않으면 절대로 언론의 주목을 받지 못해요.

원 — 그렇군요. '과학과 사람들'이 존재하는 이유도 그 포장을 잘 해보겠다는 취지예요. 자극적으로만 보이지 않게, 건강하게. 사실 우리가 과학자의 연구를 100퍼센트 이해하긴 힘들잖아요. 논문을 이해할 수 있는 것도 아니고요. 게다가 수학도 못하고, 영어도 못해요. 그런데 이렇게 어려운 과학을 최대한 가깝게 전달해주고 싶은 게 꿈인 거예요. 제대로 알게 됐을 때 경이감 같은 걸 또 다르게 느낄 거 같아요. 그런 경험이 가능하면 참 좋겠다는 생각도 들고, 개인적으로는 그런 접근이 있어야 과학자를 꿈꾸기도 하고 과학에 대한 어떤 목표들도 점점 쌓이는 게 아닌가 생각하곤 해요.

김 — 과학대중화라고 하죠. 그런데 한국사회에 과학대중화는 굉장히 오래전부터 시작됐어요. 박근혜 전 대통령의 선친부터 시작했어요. 그때 그분이 '과학대통령'이란 이미지를 만들고 대중을 과학화시켜야 한다며 과학의 진입장벽을 낮췄단 말이에요. 처음엔 그게 필요했겠죠. 효과도 있었던 거 같아요. 대중의 의식수준이 굉장히 높아졌거든요. 여기 오시는 분들만 봐도 알 수 있어요. 과학 이야기 듣자고 시간을 내서 여기 오셨다는 게 사실은 좀 불쌍한데….

원 — 그런 것 같기도 하고요.

김 — 네. 갈 데가 없으신가요?(웃음) 대중의 의식은 분명히 상승했어요. 제가 여러 군데에서 대중강연을 했어요. 거기에 참석하신 분들의 눈빛이 과학자들보다 더 반짝반짝해요. 지난 30년간 일반 대중의 과학적 의식수준은 분명히 상승했습니다. 그런데 과학문화를 다루는 사람들, 과학대중화를 하는 사람들의 머리는 30년 전 그대로예요. 아직도 뉴스나 과학 관련 행사에서는 대중의 수준을 지나치게 낮게 봐요. 초등학생 수준 정도로.

　그런데 이렇게 예를 들어볼게요. 여러분들 중 클래식 음악 들으시는 분 있죠? 우리나라에도 클래식 마니아들이 굉장히 많아요. 트위터나 페이스북만 봐도 그렇잖아요. 그런데 클래식 전문가들은 클래식을 대중화하려는 노력을 별로 안 하거든요. 하지만 대중이 한발 다가가잖아요. 더 잘 듣고 싶어서 공부도 하고,

많이 듣고 그래요. 처음엔 쉬운 음악에서 시작하지만 어려운 걸로 대중이 스스로 걸어간단 말입니다. 클래식은 변하지 않아요. 그대로 있지요.

과학도 그래야 하거든요. 그러니까 과학도 대중이 올라올 수 있게 만들어줘야 해요. 그런데 지금의 과학대중화는 과학의 눈높이를 지나치게 낮춰버렸어요. 세상에 그런 과학은 없어요. 그래서 과학자의 꿈을 키우던 아이들이 대학원에 가서 다 그만두는 거예요. 현실을 들은 적이 없으니까. 막상 대학원에 들어갔더니 되게 힘들더란 거죠.

그런데 그런 과정을 아무도 알려준 적이 없잖아요. 과학의 현실을 알려주고 실제로 현장에서 일어나는 일들을 대중들이 스스로 다가와 알 수 있도록 만드는 것이야말로 진정한 과학대중화라고 저는 생각해요. 대중은 과학을 친숙하게 아는 데만 익숙해지지 말고 더 전문적으로 한 걸음씩 나아가야 해요. 그렇지 않으면 과학의 실제는 모른 채 포장된 과학만 안 채로 평생 지내게 될지도 몰라요.

원— 저도 동의합니다. 그런데 이건 좀 다른 이야기인 것 같지만 과학을 제대로 알고 싶어도 볼 책이 없다는 생각도 들어요. 어떤 책은 너무 어렵고, 어떤 책은 너무 쉬운 거죠. 어린이를 위한 책들 같은 거. 마음은 『와이 시리즈』 같은 걸로 시작하고 싶은데 체면이 있지 그럴 순 없다고 생각하곤 해요. 나이가 있는데. 별로

와닿진 않을 수도 있겠지만 실제로 이런 심리적 장벽이 존재합니다. 백날 '쉬운 책부터 시작해도 괜찮아'라고 말하면 뭐 해요. 실행하지 않는데. 〈과학하고 앉아있네〉 팟캐스트는 이런 사람들을 위해 과학의 진입장벽을 낮추겠다는 마음으로 시작했어요. 그리고 거기서 끝내지 말고 과학의 본령, 진짜 과학에 다가가고자 하는 것이 궁극적 목표이고요.

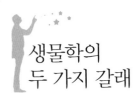

생물학의
두 가지 갈래

김 — 저는 솔직히 말하면 우리나라에서 리처드 도킨스의 책이 읽히는 게 놀라워요. 그 책은 결코 쉬운 책이 아니거든요. 『이기적 유전자』는 생물학자들도 이해하기 어려워요. 진화생물학에 대한 이야기잖아요. 게다가 한국에는 진화생물학자가 몇 명 없어요. 아시나요?

원 — 먼저 질문, 진화생물학이 뭐죠?

김 — 생물학에는 크게 두 갈래가 있습니다. 우리가 자주 듣는 교양 생물학은 진화생물학이에요. 진화생물학은 다윈을 떠올리시면 됩니다. 공통 조상으로부터 다양한 생물들이 어떻게 나왔는지에 대한 연구분야이지요. 그런데 생각해보세요. 진화생물학은 실험실에서 실험을 할 수가 없어요. 물론 하는 사람도 있긴 하지만 거의 불가능해요. 종種 spices의 분기分岐라는 건 몇십만 년에서

메이커스

정식 한국어판
大人の科学
韓国語版

---

vol.1

70쪽 | 값 48,000원

천체투영기로 별하늘을 즐기세요!
이정모 서울시립과학관장의
'손으로 배우는 과학'

make it! **신형 핀홀식 플라네타리움**

---

vol.2

86쪽 | 값 38,000원

나만의 카메라로 촬영해보세요!
사진작가 권혁재의
포토에세이 사진인류

make it! **35mm 이안리플렉스 카메라**

---

vol.3

Vol.03-A 라즈베리파이 포함 | 66쪽 | 값 118,000원
Vol.03-B 라즈베리파이 미포함 | 66쪽 | 값 48,000원
(라즈베리파이를 이미 가지고 계신 분만 구매)

라즈베리파이로 만드는
음성인식 스피커

make it! **내맘대로 AI스피커**

---

vol.4

74쪽 | 값 65,000원

바람의 힘으로 걷는 인공 생명체
키네틱 아티스트
테오 얀센의 작품세계

make it! **테오 얀센의 미니비스트**

---

vol.5

74쪽 | 값 188,000원

사람의 운전을 따라 배운다!
AI의 학습을 눈으로 확인하는
딥러닝 자율주행자동차

make it! **AI자율주행자동차**

메이커스 주니어

만들며 배우는 어린이 과학잡지

초중등 과학 교과 연계!

교과서 속 과학의 원리를 키트를 만들며 손으로 배웁니다.

메이커스 주니어 01

50쪽 | 값 15,800원

홀로그램으로 배우는 '빛의 반사'

Study | 빛의 성질과 반사의 원리

Tech | 헤드업 디스플레이, 단방향 투과성 거울, 입체 홀로그램

History | 나르키소스 전설부터 거대 마젤란 망원경까지

make it! **피라미드홀로그램**

메이커스 주니어 02

74쪽 | 값 15,800원

태양에너지와 에너지 전환

Study | 지구를 지탱한다, 태양에너지

Tech | 인공태양, 태양 극지탐사선, 태양광발전, 지구온난화

History | 태양을 신으로 생각했던 사람들

make it! **태양광전기자동차**

동아시아
SCIENCE

몇백만 년 단위로 일어나니까요. 실험실에서 몇십만 년을 살아야 종이 분화하는 걸 알 수 있을 텐데 불가능하잖아요. 진화생물학은 이렇게 거대한 스케일의 생물학을 다뤄요. 멸종해서 지금은 존재하지 않는 화석 같은 것을 연구하죠.

그런데 실험생물학, 그러니까 생리학이나 분자생물학 같은 분야들은 실제로 실험실에서 실험을 통해 생리현상을 밝혀내는 걸 목표로 합니다. 이걸 조금 어려운 말로 하면 진화생물학은 궁극인을 다루고 실험생물학은 근접인을 다룬다고 해요. 더 유식한 말로 하면 진화생물학은 얼티미트 코즈ultimate cause을 다루고 실험생물학은 프록시매이트 코즈proximate cause을 다룬다고 말합니다.

좀 더 설명해볼게요. 여기 나뭇잎 색깔이 초록색이에요. 그러면 '왜 초록색일까?'라는 생물학적 질문에는 두 가지 원인이 다 들어 있는 거예요. '초록색인 데에는 도대체 어떤 이점이 있었길래 이렇게 진화했을까'라는 궁극인을 연구하는 사람들이 있고, '초록색이 만드는 세포는 어떤 세포이고, 그 세포의 무엇이 이 초록색을 결정하는가'라는 근접인을 연구하는 사람들이 있어요. 전자는 실험실에서 안 돼요. 이건 계속 사고실험을 해야 합니다. 그렇겠죠?

원― 그렇죠.

김― 대신 후자는 실험실에서 실험을 해서 알아낼 수 있어요. 초록색이 아닌 식물을 만들면 되겠죠. 이렇게 생물학을 크게 두 가지로 나눕니다. 한국에 진화생물학자는 몇 명 있을까요? 진화생물학을 실제로 연구하는 분은 딱 한 명, 최재천 선생님뿐이에요. 『사회생물학』, 『통섭』을 쓴 <u>에드워드 오스본 윌슨</u>의 제자입니다. 우리나라에 그분 한 분 있어요. 그런데 진화생물학 교양서적은 엄청나게 많죠. 리처드 도킨스의 『이기적 유전자』가 베스트셀러가 되면서 도킨스 책은 나오기만 많이 팔려요. 그래서인지 진화생물학 관련된 교양서를 읽는 한국의 독자층이 이해할 수 없을 정도로 굉장히 넓어요. 제가 책을 한 권 들고 나왔는데, 『분자생물학─실험과 사유의 역사』라는 아주 재미없는 책입니다. 혹시 여기에 이 책을 읽으신 분이 있나요?

원 ─ 저기 있네요.

김 ─ 저분은 제 친구니까 예외입니다. 제가 권해서 읽었으니까요. 그런데 굉장히 슬픈 현실은 진화생물학을 연구하면서 논문까지 내는 연구자는 한 명밖에 없는데, 우리나라 교양 도서시장은 진화생물학으로 꽉 차 있다는 거죠. 예전에 대전 어느 강연장

에드워드 오스본 윌슨 에드워드 오스본 윌슨Edward Osborne Wilson은 미국의 생물학자이다. 하버드대학에서 시작한 개미 연구가 그의 연구의 출발점이다. 이후 생물학으로 동물의 사회현상을 설명할 수 있다는 '사회생물학'을 주장했다. 1975년에 낸 책 『사회생물학』이 그 주장을 담고 있다. 또 이를 인간에게 적용하여 『인간본성에 대하여』라는 책을 썼다. 윌슨의 사회생물학은 학계에 유례없는 논란을 불러일으켰다. 이후 학문들이 옆 학문에 쌓은 담을 헐고 같이 연구를 해야 하며, 생물학이 그 중심에 설 수 있다는 주장인 '통섭'으로 확대됐다. 그 주장은 『통섭』에 담겨 있다.

에서 '진화생물학 연구자가 20~30명, 이들 중 도킨스-굴드 논쟁 수준의 논쟁을 할 수 있는 학자 두어 명이 있지만 진화생물학 교양도서는 별로 없음' vs '진화생물학자는 단 한 명뿐이지만 교양생물학을 주도하고 있는 도서시장' 중에 어떤 쪽을 택하겠냐고 물은 적이 있어요. 이게 질문의 핵심이에요. 제가 원하는 건 전자거든요. 우리나라에 진화생물학자가 많으면 그 사람들을 대상으로 책을 쓸 수 있잖아요.

원 — 그렇죠.

김 — 그런 시대를 만드는 게 더 중요하다고 생각합니다. 한국 과학계는 이제 그 방향으로 갈 준비가 되어 있어요. 매번 외국 과학자들의 일대기만 가져다가 마치 그게 과학의 전부인 양 포장하는 것, 전 이제 그 수준을 좀 넘어야 한다고 봅니다.

다시 진화생물학으로 넘어와서 진화생물학 분야를 '자연사 Nature History'라고 해요. 대표적인 인물이 다윈이지만 다윈은 자연사

라마르크 라마르크Jean-Baptiste Lamarck는 프랑스의 생물학자로 체계적인 학설로서 진화의 개념을 최초로 제시한 사람이다. 기린의 목으로 상징되는 용불용설과 획득형질 유전설의 제창자로 널리 알려져 있지만, 무척추동물 분류학자, 고생물학의 창시자, 현대적 의미의 화석fossile 용어의 고안자, 진화론transformisme의 창시자이기도 하다. 하지만 생물학사에서 그가 남긴 가장 큰 족적은 무엇보다도 생리학이나 해부학 등의 단편적 연구들로 이루어졌던 이전의 생명 연구를 독립된 분과 학문으로서 체계화하고 여기에 '생물학'이라는 명칭을 부여했다는 점이다.

• 자연사 전통은 용불용설의 라마르크 때부터 시작됐다 •

분야 기준에서 최근의 인물이에요. 자연사는 훨씬 전인 <u>라마르</u>
<u>크</u>부터 시작해서 쭉 내려온 오래된 학문이죠. 옛날에 배 타고 다
니며 동식물을 채집하고 화석 보던 때부터 시작했습니다. 가장
오래된 분야죠. 외국에는 이 분야에서 연구하는 사람들이 많습

니다. 《네이처》에도 화석과 관련된 논문이 자주 실려요.

그런데 실험생물학 분야는 19세기부터 나오기 시작했습니다. 실험생물학은 생물의 내부로 들어가서 연구를 합니다. 생명활동의 매커니즘 기재機材를 이해하는 것을 목표로 하는 사람들이지요. 이 분야는 화학과 연결이 되어서 생리화학이라는 학문이 생겨났고, 다시 생리화학이 유전학과 연결되어 분자생물학이라는 학문이 나왔습니다. 저는 이 분야에서 연구하고 있어요.

그런데 이 두 전통의 생물학자들이 자연을 바라보는 관점이 굉장히 많이 다릅니다. 창조과학이란 분야 들어보신 적 있죠?

원 ― 네. 깊이 알진 못하지만 들어본 적은 있어요. 창조과학에도 기본적으로 여러 층위層位가 있지 않나요?

김 ― 그렇겠죠. 지적 설계부터 젊은지구론까지.

원 ― 어느 층위를 이야기해볼까요?

김 ― 제가 이야기하고 싶은 부분은 사이비과학 쪽입니다. 신이 인류를 만들었다고 하는 사람들이죠. 만약 진화생물학자 중에 창조과학자가 있으면 이상한 거겠죠? 말이 안 되는 거잖아요. 진화론과 창조론은 맨날 다투니까요. 그런데 분자생물학자 중에 창조과학자들이 굉장히 많아요.

원 ― 가능하겠네요. 논리적으로 그렇게 상충되지 않는 부분이 있을 수도 있으니까요.

김 ― 언뜻 생각하기에 생물학자면 창조과학을 부정할 것 같아요. 진화론은 생물학의 기둥이라고 말하는데, 사실 이건 현실과는 조금 먼 이야기예요. 분자생물학 연구자들은 진화생물학을 몰라도 연구할 수 있어요. 교과서에서만 배우죠. 연구하는 데 진화생물학은 별로 필요가 없어요. 『다윈의 블랙박스』라는 책을 쓴 마이클 베히_{Michael J. Behe}란 사람이 있습니다. 유명한 분자생물학자예요. 그런데 마이클 베히는 창조과학자이기도 해요. 어떻게 마이클 베히가 창조과학자일 수 있을까요?

생물학에는 사람들이 생각하는 것과 다르게 생물학이 아주 극명하게 나누어지는 두 개의 정당이 있습니다. 우리나라나 미국의 정치권처럼 말입니다. 이 두 정당은 서로 대화는 별로 안 하고 맨날 싸워요. 굉장히 오래전부터요. 다윈이 등장한 시절부터. 지금까지 여러분들은 다윈의 등장으로 기독교 신앙을 가진 사람들이 충격을 받아서 사회적 반발이 생겼다는 건 알고 계셨죠? 그러던 중에도 여기에 전혀 무관심한 사람들도 있었어요. 다윈이 진화론을 이야기하든지 말든지. 대표적인 사람이 루이 파스퇴르_{Louis Pasteur}입니다.

원 — 우리가 아는 그 파스퇴르?

김 — 네. 간단한 실험으로 자연발생설을 완전히 타파한 그 파스퇴르요. 프랑스 사람이죠?

원 — 저온살균법을 만들었죠?

김 — 네. 그런데 언뜻 생각하기에 파스퇴르가 다윈보다 젊을 것

• 파스퇴르는 간단한 실험으로 자연발생설을 완전히 타파했다 •

같죠? 파스퇴르는 현대에 가까운 사람이고, 다윈은 옛날 사람이고. 그런데 사실은 동시대 사람이에요. 다윈은 영국, 파스퇴르는 프랑스 사람입니다. 생몰년도가 5년밖에 차이가 안 나요. 서로 알고 지내려면 알 수 있었을 거예요. 그런데 파스퇴르는 다윈을 인지하지도 못했어요.

원 ― 아예 몰랐다고요?

김 ― 아마 그랬을 거예요. 왜냐하면 파스퇴르의 연구에 다윈은 중요하지 않았거든요.

원 ― 다윈은 당시 꽤나 대중적으로 알려지지 않았나요?

김 ― 대중적이었죠. 그런데 다윈은 박사학위가 없어요. 파스퇴르는 박사학위가 있고요. 다윈은 아마추어 과학자였어요.

원 ― 그때는 그게 가능했던 시절이었죠.

김 ― 네. 다윈은 아마추어 과학자였는데, 집이 부자였어요. 비글호도 아빠 빽을 써서 탔어요. 나중에 과학사학자들이 밝혀낸 것 중에 재밌는 부분이 있는데 다윈은 100퍼센트 확실한 건 안 한다는 거예요. 또 루머처럼 『종의 기원』의 1쇄를 다윈이 다 샀다는 이야기도 있어요.

원 ― 본인이? 사재기를 했다는 말인가요?

비글호 비글호는 새로 만든 런던 브리지 아래를 최초로 통과한 영국 해군의 선박으로 탐사용 함선으로 개조되어 세 번의 탐험을 떠났다. 선장인 로버트 피츠로이가 두 번째 탐사 때 동료로 함께한 박물학자가 바로 찰스 다윈이다. 비글호는 1831년 10월 24일 출항할 예정이었으나 준비 지연으로 12월 27일 오후 2시에 출항했다. 그들은 남미에서 조사 후 비글호를 타고 뉴질랜드를 통해 1836년 10월 2일 콘월주의 팔머스로 귀환했다. 다윈이 『종의 기원』을 발표한 후, 진화론을 반대한 비글호의 선장 피츠로이는 사악한 짓을 했다며 자살한다.

김— 네. 사재기의 원조라고.

원— 2쇄를 찍으면서 유명해지는 걸 노렸으려나?

김— 그럴지도? 그런데 다윈이 갑자기 너무 유명해져 버렸어요.
『비글호 항해기』로 스타가 된 거죠. 그 전에 찰스 라이엘 같은 과
학자들과 교류가 없었던 건 아니었지만 그래도 과학자 대접을 받
진 못했어요. 그런데 그때부터 대중적으로 과학자로 대접을 받
기 시작한 겁니다.

　　원래 다윈은 굉장히 겁이 많았던 사람이었습니다. 그런 이유
때문인지 『종의 기원』을 쓰는 데 굉장히 오랜 시간이 걸리죠. 책
이 사회에 미칠 영향에 대해서 심각하게 고민을 했던 사람이에
요. 그런데 다윈이 그런 발견들을 했을 때 생물학자들은 무시로
일관했었어요.

원— 실험생물학 하시는 분들 말씀하시는 거죠?

김— 이쪽에 있던 사람들은 '그래서 뭐 어쩌라고'라는 반응이었
지요. 그래도 관심을 보이던 사람들도 있어요. 저처럼 관심분야
가 넓은 사람, 오지랖이 넓은 사람들이었겠죠. 다윈의 책이 워낙

찰스 라이엘　찰스 라이엘Charles Lyell은 옥스퍼드대학에서 지질학을 배우고,
1826년 왕립학회 회원이 되었다. 그는 지질학의 근대적 체계를 확립한
공으로 지질학의 아버지라 불린다. 다윈이 비글호를 타기 전 선물 받은
책이 바로 찰스 라이엘의 『지질학 원리』이다. 그의 이름을 딴 라이엘 메
달은 런던지질학회가 수여하는 포상 중 가장 권위 있는 상으로 꼽힌다.

• 다윈은 『종의 기원』을 쓰는 데 굉장히 오랜 시간이 걸렸다. •

잘 팔린다고 하니까 읽어본 사람들이 있었을 거예요. 동시대 사람인 멘델은 다윈의 책을 읽었겠죠. 그런데 멘델은 무명인 채로 죽었잖아요. 멘델의 유전학은 멘델 사후에 재발견된 거예요. 재밌는 건 다윈도 멘델의 논문을 소장하고 있었다는 이야기가 있어요. 그런데 전혀 읽지 않아서 깨끗했다고 전해집니다.

멘델은 되게 재밌는 사람이에요. 멘델의 유전학을 몰라도 된다면서 지금 멘델 이야기를 하는 이유는, 멘델의 유전학을 거쳐야 진화생물학 분야와 실험생물학 분야가 어떻게 대화를 할 수 있었는지 알 수 있거든요. 그 매개체가 초파리고요. 이게 다 연결이 되는 거예요.

멘델은 아시는 것처럼 수도원에서 지내는 수도사였습니다. 수도원에서 완두콩을 연구해서 논문을 썼지요. 멘델의 논문은 주목받지 못했었다가 휘고 드 브리스 같은 사람들에 의해 1900년 즈음 재발견되었고, 많이 인용되면서 알려지기 시작했습니다. 그런데 멘델은 자기의 연구를 알리려고 하다가 좌절한 게 아니라 스스로 연구를 접었어요.

멘델은 첫 번째 논문을 수도원 주변 동네 사람들 앞에서 발표를 합니다. 완두콩으로 연구한 논문이지요. 그런데 그 논문에 사람들이 아무도 반응하지 않았던 거예요. 논문에 나온 결과는 확실했거든요. 3:1로 분리법칙이나 우성·열성의 법칙이 진짜임에도 불구하고, 약간 데이터조작이 있었을 거라며 과학자들끼리 싸웠어요. 너무 정확하다, 3:1 비율이 이렇게 정확할 수 없다 vs 아니다 멘델이 조작했을 리가 없다는 식이지요. 심지어 이런 논쟁이 논문으로까지 나왔어요.

원 ― 그런 게 논문으로 나왔다고요?

김 ― 네. 제가 그런 논문을 좀 찾아서 읽어요. 덕후 기질이 있어

휴고 드 브리스 휴고 드 브리스Hugo de Vries는 네덜란드의 식물학자이자 최초의 유전학자 중 한 명이다. 그는 멘델의 저작을 모른 채 "돌연변이"라는 용어를 도입했다. 또 진화의 과정에 돌연변이 이론을 적용하기 위해 유전의 법칙을 재발견하고 유전자 개념을 제안한 것으로 알려져 있다.

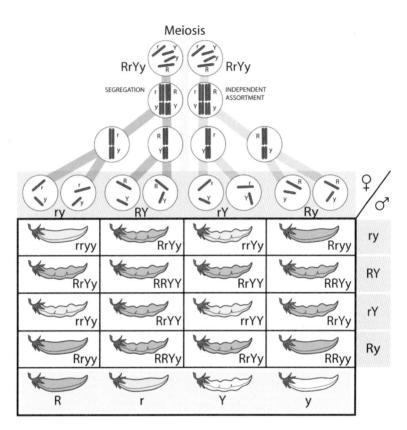

• 현재의 유전학은 우성의 법칙 같은 멘델 시대의 유전학에서 엄청나게 발전했다 •

서. 그런데 이런 논문이 종종 《네이처》에도 실려요. 멘델은 첫 번째 논문의 성공을 힘입어 조팝나무로 연구를 이어가요. 그런데 조팝나무에서는 3:1로 유전형이 안 나오더란 거죠. 70~80년 지난 후에 유전학이 발달한 다음, 사람들이 완두콩으로 다시 연구

PORTUGAL
CORREIOS

€1,00

Leis da
Hereditariedade
150 Anos

• 멘델은 수도원장이 되자 완두콩 밭을 다 없애버렸다 •

를 해봤더니 멘델이 선택한 완두콩 형질들이 기가 막히도록 탁월
했다는 거예요.

원— 운이 좋았던 건가요?

김— 네. 염색체에서 재조합이 일어나지 않는, 염색체상에서 아
주 멀리 떨어져 있는 형질들만 골라서 실험했더란 거죠. 그래야

만 3:1로 정확하게 분리가 일어나거든요. 아주 운이 좋았던 거예요. 조팝나무에서는 안 되니까 멘델은 과감하게 두 번째 논문을 끝으로 수도원장이 되기로 결심을 한 거죠.

원 — 과학의 길을 버리고?

김 — 네. 정치를 시작했어요. 그래서 잊힌 거고요. 그러니까 멘델은 불행한 과학자가 아니에요.

원 — 그래서 결국 수도원장이 됐나요?

김 — 됐어요.

원 — 그럼 잘 살았겠네요.

김 — 수도원장이 되니까 완두콩 밭은 다 없애버렸어요. (웃음) 드브리스 같은 사람이 멘델의 논문을 우연히 발견하지 않았다면 그대로 묻혔을 거예요. 지금처럼 전자저널이 있었던 때도 아닌데 신기할 따름이죠. 멘델이 재발견되던 시기에 스스로를 '멘델리안mendelian'이라고 부르는 사람들이 있었어요. '멘델이야 말로 진정한 생물학자다, 유전의 법칙을 밝혔다. 멘델의 생물학은 지금까지 진화생물학을 압도하며, 이 생물학을 기준으로 생물학을 재편해야 한다'라고 주장하는 사람들입니다. 그러니 윌리엄 베이트슨 같은 멘델리안들이 프랜시스 골턴이나 칼 피어슨같은 다윈의 후예들과 맨날 싸워요. 골턴은 다윈의 사촌이기도 하죠? 어쨌든 맨날 싸우니까 생물학 이론이 통합되지 않는 거죠. 멘델의 유전학으로 설명되는 것들이 다윈의 이론에서는 설명이 안 되니까요.

유전의 불연속성 같은 것이 대표적이에요. 멘델의 이론에서는 분명히 F1에서 우성, 열성에 의해서 한 가지 성질만 나오고, 다시 F1끼리 교배를 했을 때 여러 가지 형질이 다시 나온다고 하잖아요. 유전이 불연속적인 거죠. 그런데 다윈의 이론에서는 그런 식으로 유전되면 점진적 진화라는 게 설명이 안 돼요. 다윈의 이

윌리엄 베이트슨 윌리엄 베이트슨William Bateson은 영국의 유전학자로 변이는 불연속이라고 주장하며 다윈설을 비판하였다. 가장 큰 업적은 1905~1908년 R. C. 퍼네트와 함께 실행한 스위트피 꽃의 빛깔과 화분 형태의 유전에 대한 연쇄linkage의 발견이다. 그는 멘델의 유전법칙을 전면적으로 지지했으며 유전자의 상호작용 등에 대해서도 많은 연구와 실험을 수행했다.

프랜시스 골턴 프랜시스 골턴Francis Galton은 우생학의 창시자이다. 찰스 다윈의 배다른 외사촌 형이다. 런던의 킹스 칼리지와 케임브리지의 트리니티 칼리지에서 의학을 공부하였다. 졸업 후에 이집트·남아프리카 등지를 여행하고 그 견문록을 간행하여 왕립 지구물리학회의 상을 받았다. 다윈의 『종의 기원』에 자극을 받아 연구 방향을 유전학으로 돌려 1869년 「유전성의 천재와 그 법칙Hereditary Genius」이라는 논문을 발표, 뛰어난 사람을 낳기 위해서는 환경보다 유전이 중요하다고 주장했다.

칼 피어슨 칼 피어슨Karl Pearson은 영국의 수리통계학자·우생학자이다. 피어슨의 연구 분야는 과학사·과학론을 비롯한 철학적인 분야에서부터 응용수학·수리통계학에 이르기까지 광범위한 분야에서 많은 업적을 남겼다. 또한 생물측정학生物測定學의 수립에도 공헌하였으며, 우생학에 기여하기도 했다. 특히 인류 유전에 관한 통계적 분석, 두개頭蓋의 계측計測, 결핵의 통계 연구 등으로 유명하다.

론에서는 유전은 계속해서 연속성을 가지고 유전돼야 하거든요. 아빠 엄마가 결혼해서 아이를 낳으면 아빠와 엄마가 적당히 섞인 아이가 나와야 하고, 그게 계속 반복되어야 다윈의 이론이 증명이 된단 말입니다.

그리고 다윈의 후예들이 멘델리안들을 포섭하려는 결정적 이유가 뭐냐면 다윈이 『종의 기원』에서 유전법칙을 끝끝내 설명하지 못하고 죽었기 때문이에요. 도대체 형질이 어떻게 유전되는지 다윈도 몰랐어요. 다윈은 프랑스의 어느 지방에 사는 다리가 절단된 목수의 집안에서 태어난 아이의 다리가 짧은 것도 유전 때문이라는 황당한 이야기까지 하거든요.

원 ─ 획득형질이 유전된다고 이야기하는 거죠?

김 ─ 그렇죠. 다윈도 획득형질의 유전을 처음엔 인정했어요. 다윈은 유전이론을 게뮬gemule이라는 걸로 설명하는데 이게 되게 희한한 겁니다. 몸에 게뮬이 여기저기 있는 거예요, 마치 혈관처럼. 그러다가 생식 순간 쫙 모이는 거죠. 정자로, 난자로. 그렇게 모인 게뮬들이 나중에 합쳐진다고 말해요. 획득형질 개념이 들어가 있는 거죠.

원 ─ 얼핏 듣기에도 굉장히 비과학적이네요.

김 ─ 그렇죠. 그런데 이게 100여 년 전 이야기니까 비과학적이었는지도 몰랐을 거예요. 유전자라는 것도 몰랐고, 염색체라는 것도 몰랐어요. 심지어 뭐가 유전물질인지도 몰랐던 시기거든요.

Modern Synthesis Theory

테오도시우스 도브잔스키

에른스트 마이어

조지 심슨

• 진화생물학자가 유전학을 받아들여 '진화의 근대종합'을 선언한다 •

물론 멘델도 마찬가지였어요. 멘델도 뭐가 유전물질인지도 몰랐고, DNA도, 염색체도 몰랐어요. 멘델은 그냥 추측했던 거죠. 원자같이 조그맣고 나눌 수 있는 유전물질이 있을 거다.

반면에 다윈은 그런 게 아니라 복잡하고 이해는 할 수 없는 그런 거라고 생각했어요. 어쨌든 둘 다 모른 채로 막 싸워요. 당시 베이트슨 같은 유전학자는 실험생물학, 생리학 쪽 사람이고 골턴이나 피어슨 같은 사람들은 진화생물학, 자연사 분야에서 통계학을 가지고 유전학을 연구하던 사람이에요.

그런데 이 싸움이 쭉~ 가요. 싸움은 원래 안 끝나잖아요. 당파 싸움처럼 끝나지도 않고 통합도 되지 않은 채 쭉 가요. 그러다가 1930년대쯤 진화생물학자, 다위니언Darwinian들이 계속 싸우면서도 유전학의 개념들을 받아들이기 시작한 거죠. 그리고 통계학을 섞어서 '진화의 근대종합'이란 것을 해요. 모던 신세시스modern synthesis. 그러면서 몇몇 위대한 과학자들이 등장하고, 수학·집단유전학·고생물학을 하나로 묶어서 다윈의 진화론을 완성시켰다고 선언을 합니다. 다윈 사후 50년경이에요. 이쪽 과학자들이 모여서 '진화론이 유전학과 만나서 완벽해졌다'라는 선언을 하죠. 그때 에른스트 마이어라든가 스티븐 제이 굴드의 스승인 조지 게이로드 심슨, 그리고 모건의 제자이자 야외에서 초파리 연구를 했던 테오도시우스 도브잔스키 같은 사람들이 이 계열 사람들이에요. 이런 사람들에 의해서 '진화의 근대종합'이 1950년대에 완결됩니다.

그런데 다른 한쪽인 실험생물학, 생리학을 하던 사람들은 열심히 안으로 파고들어가고 있었어요. 개체 수준에서 세포 수준으로, 세포 수준에서 염색체로. 계속 안으로 파고들어가고 있었거든요. 그런데 여기 사람들은 연구에 물리학, 화학을 동원했어요. 여러 학문을 다 받아들였죠. 실험기법들까지. 마치 물리학이 아주 깊이 파고들어서 원자로 들어가 쿼크 같은 소립자까지 다루게 된 거랑 비슷한 거죠. 그러다가 1953년 제임스 왓슨과 프랜시스 크릭이 등장합니다. 드디어 유전물질의 정체가 밝혀진

에른스트 마이어 에른스트 마이어Ernst Walter Mayr는 독일 출신의 미국 진화생물학자이다. 종 다양성의 기원이 현대 진화생물학의 중심 문제로 자리 잡는 데 결정적인 역할을 한 신다원주의 학자로, 20세기의 가장 유명한 진화생물학자로 꼽힌다. 조류분류학, 집단유전학, 진화론 연구로 유명하다. 특히 독자적으로 생물학의 역사와 철학 분야를 개척한 학자로 평가받는다. 일명 '20세기의 다윈'으로 불린다.

조지 게이로드 심슨 조지 게이로드 심슨George Gaylord Simpson은 20세기의 가장 영향력 있는 고생물학자 중 한 명이다. 멸종 포유류과 동물의 대륙 간 이동에 대한 연구를 진행했다. 화석 및 현존하는 포유동물의 분류학에 많은 공을 세웠다. 1958년에는 린네 협회에서 수여하는 다윈-월리스 메달을, 1962년에는 왕립협회가 수여하는 다윈 메달을 받았다.

테오도시우스 도브잔스키 테오도시우스 도브잔스키Theodosius Dobzansky, 우크라이나어: Теодосій Григорович Добжанський는 우크라이나 태생의 미국 유전학자·진화생물학자로 개체군에서의 유전적 다양성이 크다는 사실을 보여 주었다. 토머스 헌트 모건의 제자로 들어갔지만, 실험실 유전학의 시대를 열었던 모건의 제자들과는 다르게 모건의 유전학을 진화적 맥락으로 확장하고 싶어 했다. 초파리 개체군 생물학의 시대를 연 학자로 평가받는다. 실험실 초파리 유전학이 Drosophila melanogaster를 모델생물로 삼았다면, 도브잔스키의 야외 초파리 유전학은 Drosophila pseudobscura를 모델생물로 삼은 점이 다르다. 초파리의 자연 집단의 유전적 다양성을 연구하여 생물학적으로 성공적인 종은 그렇지 못한 종보다 집단 내에서 유전적 다양성이 크다는 결론을 얻었다. 반면 유전적 변이가 드물게 일어나는 집단은 환경 변화에 상대적으로 빠르게 적응하지 못하므로 사라질 위험까지 있다. 그는 초파리 집단에 자연선택이 어떻게 작용하는지 관찰하면서 초파리의 유전적 변이가 계절에 따라 주기적으로 변한다는 사실을 알아냈다. "진화의 관점을 떠나서는 생물학의 어떤 것도 의미를 갖지 못한다Nothing in biology makes sense except in the light of evolution"라는 말로 유명한 과학자.

거죠. 게다가 유전이 어떻게 되는지까지 완전히 알게 됐어요.

원 — 유전물질을 현미경으로 찾은 거잖아요.

김 — 그렇죠. 엑스선 x-ray 회절사진으로 DNA구조를 밝혔고, 그 DNA가 A, G, T, C라는 염기 base로 이루어져 있고, 이것이 유전의 비밀을 갖고 있는 물질인 것까지 밝혀냈습니다. 물론 1953년에 다 완성한 건 아니었지만 받아들여지는 데까지 10년 정도밖에 안 걸렸어요.

그런데 아까 말씀드린 것처럼 다위니언 학자들이 1950년대에 쾌재를 불렀단 말이에요. "우리가 생물학을 통합했어. 모던 신세시스!"

원 — 그러니까요. 그런데 아니었던 거잖아요.

김 — 아닌 거죠. 아직 모르는 게 많은 거죠. 이때부터는 전쟁이에

제임스 왓슨과 프랜시스 크릭　제임스 왓슨 James Dewey Watson과 프랜시스 크릭 Francis Harry Compton Crick은 1953년 4월 《네이처》에 실린 두 페이지짜리 논문의 공저자로 유전물질인 DNA 구조를 밝히고 유전물질의 복제 메커니즘까지 밝혔다. 이 짧은 논문은 분자생물학의 기본적인 신비를 밝혀냈고, 인간 유전체 계획 등 향후 생명과학 혁명의 단초를 마련했다. 이 공로로 1962년 노벨 생리의학상을 수상했다.

A, G, T, C　DNA와 RNA는 염기로 이루어진다. DNA는 아데닌 adenine, A · 구아닌 guanine, G · 시토신 cytosine, C · 티민 thymine, T 네 가지 염기가 각각 A−T, C−G로 쌍을 이루어 존재한다. RNA는 티민 대신 우라실 uracile, U로 구성된다.

• 제임스 왓슨과 프랜시스 크릭이 유전물질의 정체, DNA의 구조를 밝혔다 •

요. 이걸 분자전쟁Molecular War이라고 불러요. 에드워드 윌슨이 실제로 쓴 말입니다. 『자연주의자』라는 윌슨의 자서전에 나와요. 윌슨이 '분자전쟁'이란 말을 쓰게 된 이유가 있어요. 윌슨이 왓슨과 싸웠거든요. 과학적으로 논쟁한 게 아니라 인간적으로 싸웠어요.(웃음) 어쨌든 두 사람의 다툼으로 대표되는 두 분야의 다툼을 빗대어 '분자전쟁'이라고 부릅니다.

왓슨은 1953년 《네이처》논문 이후로 기세등등해집니다. 아주 젊은 나이에 하버드 교수로 가게 되었죠. 그런데 그때가 마침 윌

• 왓슨과 크릭의 1953년 《네이처》 논문 •

슨도 개미 연구로 본격적으로 연구에 뛰어들 때예요. 윌슨은 자연사 전통의 끝물이었지만 나름 잘나가던 사람이었어요. 똑똑했거든요.

그런데 왓슨이 처음 교수회의에 들어가서 이렇게 말한 거예요. "생물학은 저런 구닥다리 생물학자들이 하는 연구가 아니다. 우리의 연구가 진짜 생물학이다. 자연사 쪽 사람을 왜 뽑은 거냐." 왓슨이 겨우 30대 초반이었으면서 말이죠.

원 - 싸울 만했네요.

김 - 그렇죠. 윌슨은 '개미를 통해서 사회생물학이란 걸 하겠다'라는 야심 찬 마음을 먹고 있었단 말이에요. 그럴 때 저런 말을 들었으니 얼마나 기분이 나빴겠어요. 그래서 왓슨이 하버드에 있는 동안에도 안 마주치려고 다른 층을 썼대요. 게다가 엘리베이터나 계단에서 마주쳐도 인사 한 번 안 했다고 하더라고요.

원 - 그런 경우에는 위층 사람이 절대적으로 유리한데요. 층간소음으로 괴롭힐 수 있잖아요. (웃음)

김 - 그렇게 둘이 제대로 싸워요. 아주 상징적인 사건이죠. 그런데 학문적으로 그 진화생물학에 문제가 생깁니다. 이 사람들이 진화의 근대종합을 이루었는데 거기서의 기본이 유전자가 아니라 개체였습니다. 개체수준에서의 선택을 통해 진화의 근대종합을 이루었거든요.

　그런데 유전자 레벨에서 연구하는 사람들이 유전자를 연구하면서 유전자 레벨에서도 적응과 도태 이런 게 일어나는지를 계산해본 거예요. 여기서 일본의 연구자가 등장하는데 기무라 모토라는 사람이에요. 진화생물학 분야 연구자입니다. 이론생물학자거든요. 기무라는 분자생물학이 발견한 것들을 빨리 받아들였어요. 분자생물학적 방법을 통해서 DNA를 가지고 진화생물학을 연구했는데, 유전자 레벨에서 적응과 도태 같은 일들이 일어나는지 계산해본 거예요. 그뿐만 아니라 진화생물학자들이 개체 레벨에서 이야기하던 일들이 유전자에서도 일어나는지 수학적으로 계산을 해봤습니다. 그런데 유전자에서는 개체 레벨에서 예측했던 일들이 안 일어나는 거예요.

원 — 안 일어난다?

김 — 네. 대부분의 돌연변이가 중립적이었던 거죠. 교과서에 나오잖아요. "DNA수준에서 대부분의 돌연변이는 중립적이다. 하지만 몇몇 돌연변이가 적응적이어서 그 형질이 선택된다."

원 — 돌연변이는 그냥 일어난다는 이야기죠?

김 — 그냥 일어나요. 표현형의 문제를 일으키지 않는 돌연변이는 계속해서 일어나고 있어요. 이걸 진화생물학을 하는 사람들이 받아들일 수 없는 거죠. 개체 레벨에서의 돌연변이는 코가 길거나, 눈이 빨갛다 같은 건데, 이런 돌연변이들은 눈에 확실히 보이잖아요. 자연이 선택한 형질이지요. 그런데 이 형질을 만들고

기무라 모토 기무라 모토木村資生는 1968년 중립 진화 이론을 발표하여 세계적으로 널리 알려진 일본의 생물학자다. 집단유전학과 분자생물학의 데이터를 활용하여 유전자 부동에 의한 대립형질 발현빈도의 변화가 진화의 가장 큰 요인으로 작용한다는 중립 진화 이론을 발표했다. 위스콘신 주립대학의 석좌교수이자 널리 알려진 집단유전학자인 제임스 F. 크로우는 기무라 모토의 업적을 현대 진화 이론의 선구자인 할데인, 라이트, 피셔와 동등한 위치에 있다고 평가했다.

다음 세대에 전달하는 '유전자'가 발견됐는데, 유전자 레벨에서는 '선택'이 없는 거예요. 자기네 학문이 무너지게 생긴 겁니다.

원— 그렇네요.

김— 그러니까 분자전쟁은 단순히 왓슨과 윌슨의 논쟁 수준이 아니라, 학문의 존폐위기를 놓고 벌어진 싸움이었던 거죠.

원— 1950년대에.

김— 그렇죠. 1950~1960년대 당시의 이야기예요. 진화생물학의 존폐가 걸린 이 싸움에 나선 진화생물학자들은 나이가 많고, 생물학계에서 정치적인 영향력이 컸어요.

원— 그렇군요.

김— 그래서 이분들이 젊은 학자들이 하는 학회마다 쫓아가서 훼방을 놓기 시작해요.

원— 꼰대짓을 한 거군요.

김— 네, 꼰대짓. 대부분 선동가들이었거든요. 게다가 더 희한한 건 진화생물학을 하는 사람들이 글을 잘 써요. 최재천 교수님처럼. 기본적으로 문학적, 인문학적 소양이 많아요. 아무래도 자연사라는 거대한 것들을 다루시다 보니까 글을 잘 쓰시는 것 같아요. 그런데 분자생물학을 하는 사람들은 쪼잔하고 연구실에서 안 나오려고 하고 그래요.

원— 전형적인 이공계생.

김— 네. 논문만 쓸 줄 알고 글쓰기는 못하는 그런 타입. 이것도

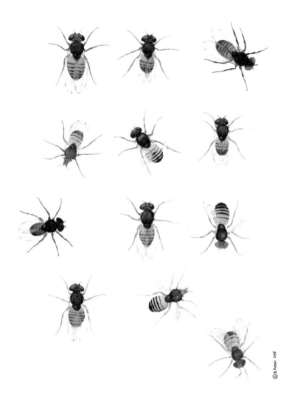

• 개체 레벨에서의 돌연변이는 자연이 선택한 형질이다 •

연구해볼 만한 가치가 있어요. 어쨌든 그러다 보니까 젊은 신예 학자들이 실험 결과를 놓고 중립적으로 그냥 이야기하는 걸 가지고 진화생물학 하는 사람들이 자기네 학문이 사라질 것 같으니까 쫓아다니면서 훼방을 놓아요. 그러자 이 젊은 학자들이 그냥 백기를 들어요. '죄송합니다. 저희가 잘못했습니다. 그러니까 앞으로 그냥 따로 걸어갑시다.' 그렇게 대충 화해를 해서 유야무야 넘어갔어요.

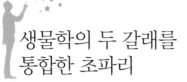

생물학의 두 갈래를
통합한 초파리

김 그러다가 1970년대에 진화생물학계에서 천재가 한 명 등장합니다. 진화생물학 역사상 가장 위대한 천재. 들어보신 적 있는지 모르겠네요. 다 모르시는 것 같아요. 윌리엄 해밀턴이라는 사람입니다. 영국에서는 기사 칭호도 받아서 윌리엄 해밀턴 경이에요. 해밀턴 경은 DNA 발견과 같은 분자생물학적 발견들을 진

윌리엄 해밀턴 윌리엄 해밀턴(William Donald "Bill" Hamilton)은 영국의 진화생물학자이다. 20세기 최고의 진화이론학자 중 한 명으로 받아들여지고 있다. 이타주의의 존재를 엄격히 유전자에 기초하여 설명한 이론생물학적 성과로 유명하다. 해밀턴의 이 작업은 유전자선택설의 발전에 핵심적인 역할을 했다. 또한 에드워드 윌슨에 의해 널리 알려진 사회생물학의 선구적 인물 중 한 명으로 생각되기도 한다. 그 외에도 성비와 유성생식적 진화 등의 주제에 관해 중요한 논문들을 발표했다. 옥스퍼드대학교 교수로 재직했으며, 1984년부터 2000년 타계할 때까지 영국 왕립학회 회원이었다.

화생물학으로 흡수시키려고 했어요. 마음이 열린 분이죠. 해밀턴이 이 전쟁을 싹 정리해요. 이걸 '해밀턴 레볼루션Hamilton revolution'이라고 불러요. 진화생물학뿐만 아니라 과학사 하는 분들은 레볼루션을 좋아합니다.

여하튼 윌리엄 해밀턴이라는 사람이 나타나서 유전자 개념을 진화생물학에 심어요. 그때부터 조지 윌리엄스 같은 사람들을 다 받아들이는 거예요. 덕분에 유전자 개념으로도 진화생물학을 설명하게 됐어요. 완결이 된 거죠. 그리고 해밀턴 레볼루션에 감동을 받은 아주 젊은 동물학자가 한 명 있었어요. 1973년 동물행동학으로 노벨 생리의학상을 받은 니콜라스 틴베르헌, 콘라트 차하리아스 로렌츠의 제자입니다. 과학자인 엄마, 아빠에게서 태어났고, 아프리카에서 태어나 젊은 시절을 보냈으며, 영국으로 유학을 가 박사학위를 따기도 했어요. 그러다 해밀턴 레볼루션에 엄청난 감동을 받았지요.

그 사람이 책을 한 권 씁니다. 그 책이 바로『이기적 유전자』예요. 바로 리처드 도킨스입니다. 도킨스의『이기적 유전자』는 도킨스가 새로운 연구를 해서 쓴 책이 아니라 해밀턴이 한 연구들을 대중이 알아들을 수 있는 언어로 쉽게 바꾸어서 쓴 책이에요. 도킨스는 옥스퍼드대학의 일개 강사였습니다. 도킨스는 실험을 안 하는 사람이었던 거죠. 그런데『이기적 유전자』가 세계적인 베스트셀러가 되면서 유명해져서, 석좌교수까지 되셨어요. 말하자면 도킨스의 흑역사입니다.

그런데 70살이 넘은 도킨스의 꿈이 뭔지 아세요?

원 — 글쎄요.

김 — 도킨스의 마지막 꿈은 노벨 문학상이래요.

원 — 문학상이요? 다른 건 못 받을 걸 알고 그러나?

김 — 과학상은 받을 수 없을 거예요.

원 — 주로 강의를 하는 사람이니까?

김 — 네. 어쨌든 노벨 문학상을 노리고 있다는 소문을 들었어요.

원 — 도킨스는 사실 무신론無神論으로 더 유명하잖아요. 도킨스의

니콜라스 틴베르헌 니콜라스 틴베르헌Nikolaas "Niko" Tinbergen은 네덜란드의 생물학자이자 조류학자로 1973년 카를 폰 프리슈, 콘라트 로렌츠와 함께 노벨 생리의학상을 공동수상했다. 형제인 얀 틴베르헌이 1969년 노벨 경제학상을 수상하여 유일하게 형제 수상자이다. 1951년 동물행동학에 대한 저명한 저서인 『본능의 연구The Study of Instinct』를 출간했다. 레이던 대학교를 졸업하여 옥스포드대학교 교수가 되었으며, 리처드 도킨스의 스승이다.

콘라트 차하리아스 로렌츠 콘라트 차하리아스 로렌츠Konrad Zacharias Lorenz는 오스트리아의 동물행동학자이다. 동물행동학 및 비교행동학의 창시자로 꼽힌다. 로렌츠는 자연 속에서 살아가는 동물을 직접 찾아가서 연구하고, 집에 야생동물을 키우기도 하면서 동물 행동에서 본능이 중요한 역할을 한다는 사실을 알았다. 특히 거위와 오리에 대한 연구를 통해 조류는 태어나서 처음 본 움직이는 물체를 어미로 인식하는 본능(각인)을 갖고 있음을 발견한 것으로 유명하다. 1973년에 카를 폰 프리슈, 니콜라스 틴베르헌과 함께 동물행동학에 대한 업적으로 노벨 생리의학상을 수상했다.

• 리처드 도킨스의 『이기적 유전자』는 해밀턴의 연구를 쉽게 풀어 쓴 책이다 •

이런 입장하고 무신론하고 연결되는 부분도 있나요? 학문적으로
봤을 때 말이에요.

김 — 저는 도킨스의 책 『이기적 유전자』, 『눈먼 시계공』, 『확장된
표현형』을 대학교 때 읽었어요. 계속해서 『악마의 사도』 같은 책
들이 나왔잖아요. 그때부터는 안 읽었어요. 뭐랄까 너무 인기를
끄는 글만 쓰는 것 같더라고요. 사실 모든 과학자가 무신론자일
필요는 없습니다. 그래서 저도 잘 몰라요. 그런데 무신론이란 것
도 되게 웃깁니다. 신을 가정하는 거잖아요.

원 — 그렇다고 할 수 있죠.

김 — 그렇다면 무無종교인이 맞는 거죠. 저는 무종교인이에요.

원 — 사실 도킨스는 유물론자죠.

김 — 맞아요. 유물론자예요. 도킨스가 한때 무신론으로 종교인들을 공격했던 거에 저도 동참했던 적이 있어요. 대학교 때 홈페이지까지 만들어서 창조과학자들하고 싸웠거든요. 지금 키보드 배틀 하듯이. 테러위협까지 받았어요. 그러다가 책도 더 많이 읽고, 철학책도 읽게 되면서 생각이 조금 바뀌었어요. 무슨 생각을 하게 됐냐면, 이런 논쟁은 서양 애들 전통에서 나온 두 지적知的 전통이 부딪치는 거지, 내 머릿속에서 부딪치는 게 아니라는 생각이 들었습니다. 쉽게 말해 교회 다니면서 진화론을 수용하는 게 나을 될 것 같은 거죠. 그런 사람을 한 분 알고 있거든요.

원 — 여기 계시네요. 서울시립과학관 이정모 관장님.

김 — 네. 게다가 제 생각엔 창조과학자들이 도킨스를 공격하는 거나, 도킨스가 종교인을 공격하는 거나 도긴개긴으로 보이는 거죠. 그래서 1999년 무렵에 도킨스를 과감하게 버렸어요. 어쨌든 무신론까지 가면 더 이상 그건 과학이 아니에요. 거기까지 갔을 땐 도킨스도 철학을 하고 있는 겁니다. 과학자라고 해서 권위를 가지면 안 되는 문제고요. 그렇지 않나요? 이건 서양의 지적 전통에서 나오는 사상의 충돌인 것 같아요. 거기에 우리가 휘말릴 필요가 없다는 생각이 들어요.

원 ─ 저도 그 말씀에 전적으로 동의합니다. 더 이야기하고 싶지만 그러자니 너무 길어질 것 같네요.

김 ─ 이건 최소 몇 시간짜리 이야기예요. 어쨌든 그래서 해밀턴과 도킨스의 등장으로 두 분야가 화해한 것 같지만 사실 그렇진 않아요. 분자생물학에서 너무나 확실한 발견을 했기 때문에 진화생물학자들이 가져다 썼을 뿐인 거죠. 또다시 갈려서 두 학문 간에 지금도 거의 대화를 안 해요.

원 ─ 거의 다른 학문인 건가요?

김 ─ 네. 요즘에는 게놈 프로젝트, 유전체학 같은 분야가 나오면서 유전자서열을 가지고 뭘 하느냐 가지고 또 싸워요. 통계학이나 컴퓨터 쪽 사람들이 염기지도를 가지고 진화생물학을 하기 시작했거든요. 진화생물학 쪽에 도전을 하는 거죠. 그래서 또 싸워요. 이 사람들 계속 논-다위니언non-Darwinian 같은 말을 쓰면서 심기를 건드려요. 야외에서 힘들게 연구하는 분들의 연구를 무너뜨리기도 하고, 표현형으로 분류를 다 해놨더니 DNA 서열로 다시 분류해서 '예전의 분류체계는 틀렸다'라고 단정짓기도 해요. 이렇게 두 학문이 떨어져서 싸우는 데도 불구하고 어떻게 대화가 가능할까요? 바로 초파리 때문이에요. 그래서 초파리가 되게 중요해요.

원 ─ 그렇군요.

김 ─ 네. 이걸 꼭 아셔야 돼요. 초파리는 중간에 다 껴 있어요. 초

표현형 표현형은 유전자형(遺傳子型, genotype)과 대비되는 용어이다. 이 용어는 멘델의 실험을 설명하기 위해서 처음 나타난 개념이지만 이후 유전학이 발전하면서 그 개념이 크게 확장되었다. 멘델이 이 용어를 직접 사용한 적은 없지만 유전자형과 표현형이라는 개념은 모두 사용되었다. 즉, 유전인자(vererbungsfaktor)에 의해서 생물 내부적으로 결정되는 숨겨진 형질이 바로 유전자형이며, 그것이 겉으로 드러나는 것이 표현형이 된다. 동그란 완두콩을 예로 들면 완두콩이 '동그랗다', '주름지다' 하는 식으로 실제 겉으로 드러나는 모양이 표현형이며, 이것을 우성, 열성 유전 인자를 나타내는 R과 r이라는 기호를 사용해서 RR, Rr, rr로 쓰게 되면 유전자형을 표현한 것이 된다. 하지만 근래에 일반적으로 형질(形質, character, trait)이라는 용어를 사용할 때는 단순히 표현형과 동일한 의미로 사용하는 경우가 많다.

토머스 헌트 모건 토머스 헌트 모건(Thomas Hunt Morgan)은 미국의 생물학자로, 초파리에서의 유전적 전달 메커니즘을 발견하여, 1933년에 노벨 생리의학상을 수상했다. 초파리 연구를 포괄적인 유전이론으로 발전시켰다. 이 연구가 특히 중요한 것은 멘델리언들이 말하는 유전자가 선상의 염색체 '지도'에서 특정한 위치에 놓일 수 있음을 보인 것이다. 모건은 세포학적인 연구를 계속하여 지도상의 위치가 염색체상의 실제 위치와 정확히 일치됨을 보였으며, 이는 멘델의 유전요소가 염색체 구조에 물리적 토대를 두고 있음을 보여주는 결정적 증거가 되었다.

허먼 조지프 멀러 허먼 조지프 멀러(Hermann Joseph Muller)은 미국의 유전학자이다. 뉴욕에서 출생하여, 컬럼비아대학을 졸업하고, 동 대학 강사를 거쳐 텍사스대학 교수가 되었다. 한때는 러시아를 방문하여 모스크바 유전학 연구소에서 유전학을 연구하다가, 1937년 트로핌 리센코와의 논쟁으로 인하여 귀국하였다. 토머스 헌트 모건의 제자이며 모건 학파의 유전학자로서, 유전자의 이론 및 돌연변이의 연구로 알려져 있다. 파리에 X선을 쬐어 인위적으로 돌연변이가 일어나는 것을 증명함으로써 1946년 노벨 생리의학상을 받았다. 1948년, 말벌이나 옥수수 등을 이용한 동일한 실험에서도 같은 결과를 얻었다. 이후 인간이 X선에 노출될 때의 위험성을 알리기 시작했다.

파리를 위대한 동물로 만든 토머스 헌트 모건이란 사람과 그의 뒤를 이은 제자들 덕분입니다. 모건의 여러 제자 중에는 허먼 조지프 멀러와 테오도시우스 도브잔스키가 있어요. 그런데 신기하게도 초파리 연구 분야에서 멀러는 하드코어 물리학을 닮은 생물학을 원했던 사람이었고, 도브잔스키는 자연에서 연구하는 것이 진짜 초파리 연구라고 생각했던 사람이에요. 초파리 연구도 도브잔스키와 멀러을 기점으로 둘로 갈려요. 도브잔스키 쪽 사람들, 야외로 나갔던 사람들은 하와이로 갔어요.

원 — 좋은 데로 가셨네요.

김 — 하와이가 초파리 연구의 명소예요. 하와이에 초파리 학자들이 무지 많습니다. 그런데 저랑은 대화가 안 되는 분들이에요. 대부분 진화생물학을 통해서 초파리를 연구하시는 분이거든요. 주로 초파리를 가지고 종 분화를 연구하시는 분들이에요.

원 — 하와이에 가서 만날 수 있나요?

김 — 저한테 이야기하시면 됩니다.

원 — 대화가 안 된다고 그러시는 거죠?

김 — 편지 쓰면 되죠. 그런데 멀러 쪽 사람들은 초파리 염색체 어디에 무슨 유전자가 있고, 돌연변이는 어떻게 생겼다 같은 걸 연구합니다.

원 — 박사님 하시는 분야인 거죠?

김 — 제가 그쪽이에요. 공부를 하면서 희열을 느낄 때가 종종 있

• 초파리의 아버지라 불리는 모건은 초파리에서의 유전적 전달 메커니즘을 발견했다 •

어요. 내가 공부한 게 틀리지 않았다는 걸 경험을 통해서 알 때예요. 제가 요즘 그런 걸 느끼고 살아요. 뭐냐 하면 제가 요즘 초파리 수컷이 수컷들끼리 자라면 혼자 자란 수컷보다 섹스를 오래한다는 걸 연구해요.

원— 수컷들끼리 자라면 섹스를 오래 한다?

김— 이걸 롱거 메이팅 듀레이션longer mating duration이라고 해요. 제가 이름 붙였어요. 원래 롱거 섹스 듀레이션(longer sex duration)이라고 붙였거든요. 그러니까 약자로 LSD가 되잖아요?

원 — 그러네요. LSD(lysergic acid diethylamide)는 유명한 마약이죠? 환각제.

김 — 이 유머를 교수님이 싫어하는 거예요. (웃음) 그래서 LSD가 될 뻔했던 논문이 LMD가 됐어요. 너무 안타까워요. 초파리 유전학자들은 이름 짓는 것을 좋아합니다. 그래서 돌연변이 중에 이름이 희한한 게 많아요. 빈센트 반 고흐도 있고, 베토벤도 있어요. 못 듣는 초파리들은 베토벤이에요. 소닉 헤지호그(Sonic Hedgehog)도 있어요. 헤지호그 뜻이 고슴도치예요.

원 — 게임 캐릭터 소닉이네요?

김 — 네. 고슴도치처럼 생겼다고 그렇게 이름 붙였어요. 저도 이름 짓는 걸 좋아해요. 몇 년 전에는 섹스를 짧게 하는 케이스를 발견했어요. 수컷들은 섹스를 많~이 하고 난 이후부터 섹스를 짧게 해요. 굉장히 짧게 해요. 신기하죠? 그런데 아무도 이런 걸 연구 안 해요. 저밖에 몰라요. 오늘 들은 것들 어디 가서 이야기하시면 안 돼요. 제가 미국에 다시 돌아가면 이 논문을 《네이처》에 보내야 되기 때문에 이야기를 하시면 지금 엠바고를 침범하시는 거예요. (웃음) 이렇게 말하지만 사실 괜찮습니다. 아무도 안 따라할 거기 때문에.

원 — 팟캐스트로 나가도 괜찮아요?

김 — 사실 상관없어요. 이미 논문은 다 끝났으니까. 어쨌든 짧게 하니까 쇼튼 섹스 듀레이션shortened sex duration, 약자로 SNSD가 돼요. SNSD가 뭘까요?

원─ 소녀시대!

김─ 정답. 소녀시대라고 이름을 붙이려고 했어요.

원─ 서양에서는 소녀시대를 정말 그렇게 불러요. 훌륭한 네이밍이네요.

김─ SNSD라고 이름을 지어 갔더니 그것도 교수님이 싫다고 하셨어요. (웃음)

제가 미국에 온 지 얼마 안 됐을 때, 4년 반 동안 여자친구가 없었어요. 실험실-집, 실험실-집만 오갔거든요. 머리는 파토님 같았고 수염은 이정모 관장님 같았어요. 그래서인지 제 곁에 아무도 오지 않더라고요. 제게 그런 시기가 있었어요.

그런데 그 시기에 저는 실험실에서 초파리 수컷들이 행복하게 섹스하는 걸 맨날 쳐다보고 있어야 했었어요. 내 성생활은 형편없는데 열 받잖아요. 그럴 때면 초파리 수컷들을 괴롭히고 싶어요. 저는 이렇게 괴롭혔어요. 우연히 초파리에 이산화탄소를 쐈더니 기절하더라고요. 다 뻗어버려요. 그냥. 그러곤 다시 이산화탄소가 없는 데로 옮기면 5분 정도 있다가 다시 깨어나요. 그래서 제가 수컷 초파리를 한 30~40분 정도 이산화탄소에 오래 노출시켰어요. 그 다음 섹스를 하게 했더니 수컷 초파리가 암컷에게서 20~30초면 떨어지더라고요. 또다시 하려고 해도 20~30

• 초파리는 진화생물학과 분자생물학의 가교 역할을 한다 •

초 지나면 떨어져요. 이것도 제 연구 주제입니다.

원— 왜 그런지는 밝혀내신 거죠?

김— 네. 제가 그 당시 너무 힘들어서 더 초파리를 괴롭혔던 거 같아요. 적어도 사람을 괴롭힌 건 아니니까 그나마 나은 건가요?

원— 초파리가 일종의 조루상태가 된 거네요?

김— 네. 그런 거죠. 그리고 평소에 저는 하루에 1만~2만 마리 정도의 초파리를 죽여요. 어떻게 죽이는지 궁금하지 않으세요?

원— 그렇게 많이 죽이나요?

김— 안 죽이면 그 많은 개체를 다 유지할 수가 없어요. 방생하면 실험실이 초파리 천지가 되는데 죽여야죠. 죽이는 방법은 간단해요. 그냥 식용유 같은 데다가 탁 털면 초파리가 빠져 죽어요. 거기에 초파리 시체들이 쌓이면 실험실에 비위가 약한 사람들이라면 기겁을 하는 사태가 벌어지기도 해요. 게으른 애들이 통을 잘 안 비워서 초파리 시체가 쌓여 통 위로 넘칠 때도 있어요.

원— 마치 담배꽁초 쌓이듯이.

김— 그걸 보고 있으면 참 별생각이 다 들어요. 그래도 제가 키우는 수컷 초파리들은 섹스 한 번씩은 하고 죽으니까. (웃음) 그나마 행복하겠다 같은 생각을 하는 거죠. 그런데 암컷들이 정말 불쌍해요. 알도 못 낳고 죽으니까.

원— 분위기 좀 바꿔보죠. 그래서 초파리가 가교역할을 했다는 거죠?

김— 네. 그렇죠. 그 이야기를 하다가 여기까지 왔죠? 중요한 이야기인데 옆길로 많이 샜네요. 그런데 이 유전학을 중심으로 진화생물학과 분자생물학 사이의 대화가 가능해진 거예요. 유전현상이라는 것이 진화생물학자들한테도 굉장히 중요합니다. 이게 빠지면 진화생물학은 바퀴가 빠지는 거나 마찬가지거든요. 분자생물학자들한테도 유전학은 DNA라는 물질의 발견과 DNA 연구에 있어서 기초가 되는 거고요. 초파리는 두 갈래의 생물학이 대화하는 창구 역할을 합니다. 판문점 같은 거죠. 그렇기 때문에 초파리는 굉장히 중요한 모델생물이에요. 단순히 연구적 가치뿐만 아니라 학문의 그 큰 줄기들을 연결하는 동물이니까요. 그런데 한국에 초파리를 연구하는 학자가 20명도 채 안 될 거예요.

원— 20명은 되나요?

암컷   수컷

• 초파리는 두 갈래의 생물학이 대화하는 판문점 같은 것이다 •

김 ― 20명은 넘어요. 왜냐하면 미국에 넘어와서 초파리로 박사과정을 밟는 사람들이 있으니까요. 그래도 쥐 연구하는 사람들보다는 대접을 못 받죠. 한국에도 초파리 학회가 있는데 과학자 20명에서 25명 정도가 모인다고 해요. 그런데 저 말고 초파리를 연구하는 한국인 과학자 아는 분 있나요? 초파리 과학자들 잘 모르시잖아요. 왜 그럴까요?

원 ― 솔직히 생물학자 중에 아는 사람이 별로 없어요.

김 ― 황우석은 아시잖아요. 그리고 키스트KIST의 신희섭 교수님은 들어보시지 않았나요? 쥐를 가지고 저랑 비슷한 일을 하시는 분이세요. 쥐의 행동유전학, 쥐의 인지. 비교적 쥐 연구하는 사람들은 많이 알려져 있죠. 그리고 분자생물학 하시는 김빛내리 교수님 같은 분 정도는 아시잖아요. 그런데 초파리 연구하는 사람들이나 연구들이 왜 한국에 안 알려졌을까요? 심지어 제가 하는

• 미국 기초과학을 살린 버니바 부시 •

연구를 초파리로 하는 사람은 국내에 딱 한 명밖에 없어요. 광주
과학기술원의 김영준 교수님인데, 파토님하고 되게 닮았어요.

원 — 멋진 분이군요.

김 — 그분이 되게 재밌는 걸 발견했어요. 초파리의 수컷 정자에
는 섹스 펩타이드$_{sex\ peptide}$라는 게 있어요. 암컷 몸으로 들어간 정
자에 있는 섹스 펩타이드는 암컷의 몸을 변화시켜요. 이 펩타이
드는 단백질을 이루는 조그만 조각을 말하는데, 암컷 몸에는 섹
스 펩타이드 수용체가 있거든요. 암컷의 수용체에 섹스 펩타이
드가 붙으면 암컷은 알을 낳을 준비를 합니다. 다른 수컷들을 발

로 걷어차요. 거부rejection라고 해요. 이 섹스 펩타이드 수용체를 발견한 사람이 김영준 교수님입니다. 주로 초파리 암컷의 행동을 연구하시는 분이라 저랑 친해요. 우릴 이해해줄 사람이 서로밖에 없거든요.

이런 연구 주제로 여기저기 강연을 하면 되게 재밌어해요. 그런데 마지막 즈음에 '그래서 어디에 써먹을 수 있냐?'라고 물어요. 현실로 넘어오는 거죠.

원— 그렇겠네요. 초파리 연구가 분자생물학 쪽 계열에서는 꽤나메인 아닌가요? 미국 같은 데서?

길— 그렇지도 않아요 한국은 많은 면에서 미국의 복사판이잖아요. 미국의 초파리 학자들도 힘들어해요. 그래도 미국은 이쪽 분야를 이어온 전통 덕분에 돈이 되든 안 되든 기초과학에 어느 정도 투자를 하고 있죠. 아까 말씀드린 제닐리아 팜 연구소 같은 곳도 있고요. 미국은 자기네들이 모건 같은 사람에게 투자해서 과학 선진국이 됐다는 자부심이 있거든요. 미국은 과학정책의 틀을 짤 때, 과학자들의 발언권이 세요. 특히 기초과학자들의 발언권이 무지 세요. 이 토대를 만든 사람이 버니바 부시라는 사람이에요. 루즈벨트가 제2차 세계대전을 치르며 핵폭탄 개발인 맨해튼 프로젝트 같은 걸 진행하면서 과학에 엄청 투자하잖아요. 그덕에 물리학이 엄청 발전하고요.

원— 그랬죠.

김─ 전쟁이 끝난 다음에는 이제 왜 과학에 지원을 해야 하는지 사람들이 묻는 거죠.

원─ 대답이 무지 중요하네요.

김─ 그렇죠. 버니바 부시는 이 대답에 의해 미국 과학의 운명이 바뀔 수 있다는 걸 감지를 한 거예요.

버니바 부시 버니바 부시(Vannevar Bush)는 미국의 기술자이자 아날로그 컴퓨터의 선구자이다. 역사적으로 부시는 제2차 세계대전에서 원자폭탄을 개발한 맨해튼 계획을 관리하고 추진한 주역 중 한 사람이었으며 메멕스(MEMEX)라고 불리는 기억 확장기 개념을 최초로 주창하여 현재 인터넷과 하이퍼텍스트의 발전에 영감을 준 과학 사상가이다.

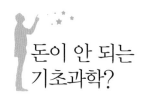

돈이 안 되는
기초과학?

김 ─ 버니바 부시는 과학자가 아니라 공학자거든요. 그런데 이 사람이 굉장한 다독가였어요. 철학책도 많이 읽었죠. 굉장히 박식한 사람이에요. 그래서인지 버니바 부시는 알았던 거예요. '정치인들이 이런 생각을 가진다면 과학은 죽는다. 자기 돈으로 연구했던 그 옛날 다윈과 달리 과학을 지지하는 건 정부의 자금이다. 지금 여기서 놓치면 미국 과학은 망한다.' 그래서 이 사람이 미국 대통령을 속여요.

원 ─ 해리 트루먼일 거예요.

김 ─ 네. 어쨌든 대통령을 속여요. 「과학, 영원한 개척자Science, the Endless Frontier」라는 보고서를 써요. 거기에 우리도 잘 아는 뻥을 쳐났어요. '기초과학을 증진시키면 곧 응용으로 이어지고 돈을 벌 수 있다.' 이걸 '단선적 역사관'이라 하거든요. 세상에 그런 일이 일

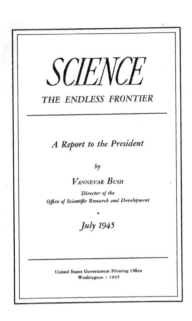

• 버니바 부시의 「과학, 영원한 개척자」 보고서 •

어난 적이 없어요. 그러니까 한국도 그런 이야기들 많이 하죠? 과학자들도 기초과학에 지원해야 응용이 생기고 그래야 돈을 번다며 정부를 비판하잖아요. 그런데 기초과학에 지원해야 되는 건 맞지만 그런 이유 때문은 아니에요. 버니바 부시가 그렇게 속인 거예요. 그렇게라도 안 하면 기초과학이 죽을 것 같으니까.

원 ― 이렇게 공개적으로 이야기해도 되나요?

김 ― 왜요?

원 ― 우리도 계속 속여야 하는 게 아닌가 싶은데.

김 — 아니에요. 사실을 알아야죠. 저는 기초과학자지만 기초과학에 지원을 많이 해야 한다는 식의 말을 잘 안 합니다. 하려면 하고 말려면 말라고 말해요. 그런데 자기 밥그릇만 지키려는 사람들 때문에 정치가 안 되는 거잖아요. 사실은 과학자도 마찬가지예요. 자기 밥그릇만 지키려고 하면 안 돼요. 버니바 부시가 보여줬잖아요. 공학자들의 밥그릇만 챙기려 했다면 그 사람이 그렇게 했을까요? 자기 밥그릇을 버렸잖아요. 그 덕분에 미국 과학이 지금 살아남았어요.

버니바 부시는 이런 철학을 전파하는 데에서 그치지 않습니다. 실제로 조직을 만들어요. 예산 같은 문제에 과학자들이 의회를 상대로 동등한 위치에서 협상할 수 있게 만들었어요. 국립과학재단National Science Foundation, NSF 같은 것도 버니바 부시를 통해서 생겨요. 덕분에 미국 과학자들은 경제가 아무리 힘들어도 어느 정도 예산을 확보할 수 있어요. 그래서 돈은 안 되지만 오래도록 지속해야 되는 연구들, 정치인들이 절대로 이해할 수 없는 영역의 연구들을 이어갈 수 있습니다.

그런데 한국은 왜 안 될까요? 전통이 짧아서? 한국은 뭐든 빠르기 때문에 사실 금방 따라잡아요. 버니바 부시가 이 정책을 만들 때가 제2차 세계대전이 끝난 직후인 1940년대입니다. 우리나라는 한국전쟁이 끝난 1960년대 중반이 지나서야 과학기술정책이란 게 생깁니다. 이승만 정부 때 일은 너무 보잘것없어서 말할

거리가 안 돼요. 이승만 정부의 과학기술정책은 과학으로 대중을 계몽하자, 과학교육을 활성화하자밖에 안 되거든요. 박정희 정부 시절부터 그런 게 생겨요.

박정희 전 대통령은 원래 과학에 대해 아무 생각이 없었어요. 별 철학이 없었거든요. 과학대통령이란 이미지는 나중에 심어진 거예요. 어느 날 갑자기 '기술개발 5개년 계획'이란 걸 하겠다 공표합니다. 처음에는 먹고살아야 하니까 기술자들을 많이 만들자, 기능올림픽, 이런 것만 생각했었어요. 그런데 미국의 존슨 대통령이 원조를 해주겠다고 해요. 일본과 수교도 체결했고, 전후 보상문제도 해결했으니 한국에 MIT 같은 대학을 만들어주겠다고 제안한 거죠. 그래서 박 전 대통령이 미국으로 가 MIT를 직접 방문해요.

원― 직접?

김― 네. 그때 뭔가 떠오른 거죠. 혁명을 이룬 대통령이 미국의 인정을 받았다고 홍보할 수 있는 절호의 기회잖아요. 직접 미국에 갔습니다. 미국에 가서 봤더니 과학이 장사가 될 거 같은 거예요. 과학이 가진 이미지가 굉장히 섹시한 거죠. 그래서 미국에 다녀온 후로 '기술개발 5개년 계획' 앞에 '과학'을 갖다 붙여요. 그래서 그게 '과학기술개발 5개년 계획'이 돼요. 그 계획의 일환으로 키스트가 만들어집니다.

원― 미국 원조로 만든 거죠??

김 ─ 네. 미국 자금으로 만들었어요. 키스트를 비하하려는 건 절대 아니에요. 키스트의 초대원장으로 최형섭이란 사람을 임용합니다. 최형섭이라는 분은 금속공학자였어요. 굉장히 카리스마가 있는 분이었다고 전해져요. 이분이 미국에 유학하던 공학도들, 정치적으로는 굉장히 보수적인 사람들을 데리고 한국에 들어옵니다. 그래서인지 박정희 전 대통령은 최형섭을 아주 예뻐합니다. '넌 나랑 맞는다.' 최형섭이란 사람이 원장이 되자 자기랑 생각이 맞는 사람들을 키스트 주요 보직에 앉혀서 과학기술계를 하나씩 점령해나가기 시작해요.

원 ─ 그때부터 시작인 거군요.

김 ─ 한국과학기술단체총연합회(이하 과총)도 그때 생겼어요. 그런데 버니바 부시의 정책과 최형섭 원장, 박정희 전 대통령이 만든 한국의 정책이 결정적으로 다른 부분은, 버니바 부시가 만들었던 '과학자들이 정치인들에게 짓눌리지 않고 동등한 위치에서 협상할 수 있는 제도'를 우리나라는 만들지 않았다는 점이에요. 오히려 박 전 대통령과 최 원장은 과학자들을 정치 아래에 굴복시켜놨어요. 절대로 항명抗命을 할 수 없는 구조예요.

과학자들이 데모하는 것 본 적 있으세요? 기껏해야 국회의원 선거 때 '과학자, 이공계 출신 좀 많이 뽑아주십시오' 정도의 유치한 이야기나 해요. 그런데 이공계 출신이 국회에 들어간다고 해서 과학정책이 바뀔 거라고 생각하지 않거든요. 거기 들어가면 똑같아지겠죠.

원 — 정치가로 바뀌겠죠.

김 — 네. 똑같아지겠죠. 첫 단추가 잘못 끼워진 거예요. 그래서 지금까지 흘러왔어요. 제가 진보진영에 실망스러운 건 박 전 대통령이 만든 패러다임을 진보진영도 깨지 못했다는 거예요. 전두환 시절부터 이어온 과학기술정책 공약들을 한번 찾아보세요. 김대중, 노무현 전 대통령의 정책과 노태우, 전두환 시절의 과학기술정책을 두고 블라인드 테스트라도 해보세요. 똑같아요.

원 — 문제의식이 생길 기회 자체가 없지 않았을까요?

김 — 없었겠죠. 황우석 사태가 터지자 과학 윤리에 대한 의식은 그나마 높아졌는데, 정책적인 부분은 틀을 깰 기회조차 없었어요. 그래서인지 지금도 과학기술하면 돈 버는 도구로만 생각해요.

원 — 항상 그런 취급을 받았어요. 박근혜 정부에서도 마찬가지였고요.

김 — 과학기술자는 정부의 노예인 거죠. 지원해줄 테니 올라올 생각은 하지 마라. 그러다 보니 이공계 출신 국회의원이 많아져야 된다고 이야기를 해요. 그러면 좋겠죠. 그런데 그게 틀을 바꿀 수 있다고는 생각을 안 해요.

하지만 대중 수준에서는 한국사회가 변할 준비를 마쳤어요. 우리도 양자화학을 공부한 독일의 앙겔라 메르켈Angela Dorothea Merkel 수상이나, 물리학 박사인 일본의 간 나오토菅直人 총리 같은 사람이 등장할 때가 됐어요. 정치인들 빼고요. 대중은 준비가 됐는데 이걸 터트려줄 계기가 없는 거죠.

원─ 혹시 대선에 출마하실 생각이십니까?

김─ 아니요. 저는 초파리가 좋습니다. 초파리 연구하다가 죽을 거예요. 어쨌든 대중은 준비가 끝났는데 지긋지긋한 선친의 틀을 깨려는 노력을 진보진영에서 전혀 보여주지 않는다는 게 불만이에요. 그 틀을 깨려면 새로운 무엇인가가 필요해요.

예전에 트위터에서 인문학자들하고 자주 싸웠어요. 우리나라는 인문학, 철학자들을 중심으로 한국의 민주화를 일궈왔죠. 시인, 인문학자, 철학자, 작가. 이런 분들이 좌파진보진영의 상징처럼 여겨지잖아요. 그분들은 자신의 역할을 충분히 해줬다고 생각해요. 한국의 민주화를 이뤄내셨으니까요. 하지만 아쉬운 건 진보진영이 새로운 시대를 여는 패러다임을 준비하지 못했다는 점이에요. 저는 과학자니까 이 주장에 근거를 대야 하잖아요.

〈과학하고 앉아있네〉 같은 과학 전문 팟캐스트도 흥행하고, 딴지 총수도 공대생이에요. 거기다 대중들은 변화를 바라고 있으니 이제 준비가 됐어요. 대통령으로 과학자를 뽑아도 된다고 생각하게 된 거죠. 그런데 정치인들은 준비가 안 됐어요. 준비가 덜 된 정치인들이 패러다임 자체를 바꿔야 될 때 한발씩 계속 늦어요.

원─ 제 전공이 철학입니다. 대학교 2학년 때 물리학, 천문학에

푹 빠졌었어요. 2학년인 제가 1학년생과 함께 교양과학서적 읽기 스터디를 만들었죠. 그때가 노태우 정권 초기였어요. 철학과 학생들 전부가 운동권이었죠. 그러다 보니 수업과 투쟁이 분리가 안 되는 건 당연한 일이었어요. 이과생들의 경우 물리학 수업에 가면 물리학을 배우고, 사회운동을 할 때에는 사회운동만 하겠지만 철학과라면 수업도 운동의 연장선상이거든요. 과 전체가 사회운동에 완전히 몰입해 있는 상태였는데 물리학 스터디를 한다니까 선배들이 방해를 하더라고요. 스터디에 들어와선 팔짱끼고 앉아 '요놈이 얼마나 틀린 이야기를 하나 들어보자'라는 식으로 앉아 있었어요. 후배들이 있는데도요. 결국 저는 6개월 만에 학회에서 쫓겨났어요.

그때 느낀 게 있어요. 나름 진보적인 사람들, 세상을 바꾸겠다는 큰 뜻으로 공부도 하고, 사유도 하고, 책도 많이 읽는다는 사람들이 자연과학을 알려고 하지 않아요. 자연과학이 하는 이야기, 자연과학이 우리 사고에 어떤 영향을 주고 우리 세계관에 어떤 영향을 미치는지에 대한 가능성을 전혀 염두에 두지 않아요. 자연과학의 사회과학적인 의미는 차치하더라도 자연과학이 세상을 진보시킬 수 있는가에 대한 걸 전혀 생각하지 않죠. 그런 입장을 가진 사람들이 현재 진보진영의 어르신들이에요. 386세대, 그 이상 연배의 분들. 그분들을 폄하하고 욕하려고 하는 건 아니지만 그렇게 생각한다면 발전에 한계가 있지 않느냐는 생각을 항상 했어요.

과학에는 기본적으로 진보적인 성향들이 있잖아요. 앞으로 나아갈 동력을 찾아야 되는 상황에 과학이 그 동력이 될 수도 있겠다고 생각했습니다. 그래서 팟캐스트도 시작한 것 같아요.

김 — 아마도 시대정신을 받들어 무의식적으로 신내림 같은 것을 받으신 것일 수도 있고요. (웃음)

원 — 운명적인 뭐가 있었겠죠?

김 — UFO 이야기 하시던 분이 갑자기 과학 팟캐스트를 한다고 해서 놀랐어요.

원 — 저도 오지랖이 넓어서.

김 — 제 의견이 진리는 아니겠지만, 사회문제에 굉장히 관심이 많은 과학자로서 한국사회를 보면 그런 생각이 들곤 해요. 또 저는 과학자, 특히나 우생학을 낳은 유전학이란 학문을 하는 사람이잖아요. 이 문제에 대해 이야기하자니 한국사회의 좌파라고 하는 사람들, 진보적이라고 하는 사람들과 대화를 해야 해요. 그런데 그때마다 '과학자면서, 초파리를 연구하는 애가 무슨 사회에 정치 이야기를 해?'라는 반응을 많이 봤어요. 모순적이더라고요. 블로그에 그런 글을 쓰면 '초파리나 연구해'라는 식의 뿌리 깊은 편견을 직접 경험을 했었죠.

그런데 이제 그렇지 않아요. 제 주변의 과학자들 중에도 예전과는 다르게 생각이 깬 과학자들이 점점 늘어났고, 그분들이 네트워킹을 하고 있어요. 과학을 단순한 활용거리나 웃음거리가 되지 않게 하기 위해, 또 대중이 받아들일 수 있도록 과학자들도 노력하고 있어요. 그리고 사회도 이 노력을 받아들일 준비가 된 것 같고요. 정치인들만 잘하면 됩니다.

이런 말씀을 드리고 싶어요. 과학에 관심이 있으니까 팟캐스트도 듣는 거잖아요. 단순한 호기심일 수도 있지만, 과학자들이 그런 생각들을 가지고 그런 시도들을 할 때 응원을 해주셨으면 좋겠어요. 예를 들어 한국에 진화생물학을 진지하게 연구하는 사람 10명 늘어나게 하려는 시도들, 되게 힘든 일이거든요. 안정된 연구를 할 수 있도록 대학에 자리를 만들고 그걸 지지하는 일은 정치가 개입하는 되게 어려운 일이에요. 여기 팟캐스트에 나온 분들 중에도 비정규직인 분들도 많아요. 그런 사람들이 나와서 대중 활동도 하고 연구 활동도 할 때 응원해주세요. 왜냐하면 그런 일들은 엄청난 손해를 감수하고 하는 거니까요.

원 ― 그런가요?

김 ― '유명해지는데 왜 싫어?'란 식으로 생각할 수도 있는데요, 학계에선 '시간이 남아도는구면. 연구는 언제 하나?'라는 비난 섞인 이야기를 들어요. 그런 이야기들을 감수하고 대중 앞에 서는 겁니다. 과학자들도 이상하게 보수적인 편견들을 갖더라고요. 그러니까 따뜻하게 응원해주시고 리트윗 한 번 해주시고 '좋아요' 한 번 눌러주세요. (웃음) 페이스북 페이지 중에 〈Trust me,

• 과학은 원래 대중과 소통하는 것을 기본으로 삼는다 •

I'm a "Biologist"〉나 〈I fucking love science〉 같은 곳에는 좋아요 가 몇십만 개씩 달려요. 저는 이런 거에서부터 차이가 난다고 생 각하곤 해요.

원― 일단 이야기를 정리하겠습니다. 지금까지 몇 가지 주제로 이야기했습니다. 마지막 주제를 정리하자면 과학기술이 이끌 저 꼴로 돈의 수단으로 이용되는 구조는 우리 모두에게 굉장히 안 좋은 결과를 가져올 거란 이야기입니다. 물론 훌륭한 과학이 만 들어지기도 어렵고요. 이런 구조적인 진보가 결국은 사회에 다 른 영역들의 진보와도 연결될 거예요. 이런 진보는 궁극적으로 바람직한 정치구조부터 시작해서 그런 데까지 연결되는 어떤 고 리 중 하나가 될 것이라는 생각이 듭니다.

과학이라는 것이 단순한 지식을 넘어 우리 삶에 어떤 정신적인 영향을 줄 수 있고, 영향을 주었을 때 소위 말하는 과학과 인문학의 만남이 진정으로 성사되는 게 아닌가 생각해요. 어떤 식으로 과학에 접근하느냐에 따라서 과학과 인문학의 만남 같은 거창한 말이 저절로 달성되지 않을까 저는 개인적으로 그렇게 생각합니다.

김 — 한국사회에 필요한 건 과학이 대중화되는 것도 아니고 대중이 과학화되는 것도 아니에요. 원래 과학이 가지고 있었던 정신을 그대로 가진 과학이 되면 돼요. 그런데 한국사회에는 그런 과학이 없어요. 과학의 과학화가 가장 중요하지, 대중을 계몽하는 게 먼저가 아니라 생각해요. 제가 하는 행동들은 과학이 '과학스러운 것'들을 그대로 대중에게 보여주는 일이라 생각해요. 대중은 제 이야기를 잘 들어줍니다. 그런데 과학자들은 잘 안 들어요. 정치인들은 아예 귀가 없는 것 같고요. (웃음)

그런데 과학자들이 진짜 변해야 하거든요. 하지만 한국의 과학자들은 지쳤고, 연구에 찌들었고, 나올 시간도 없고, 보수적이고 그래요. 이런 사람들이 변할 때 도킨스나 다윈, 해밀턴 같은 사람들이 등장할 거라 생각해요. 그리고 제 실천과 행동의 방향도 그쪽이고요. '내가 움직여야 하는 대상은 대중이 아니라 과학자사회다.' 과학은 원래 대중과 소통하는 것을 늘 기본으로 삼고 있었거든요.

원 — 그러게요. 과학은 과학다우면 되고 정치는 정치다우면 되잖아요. 그러면 모든 게 다 해결되는 건데 참 어렵네요. 계속 그 자리에서 열심히 해주십사 부탁드립니다.

더 많은 개체를 남긴 유전자가
더 많이 살아남는다

원 ― 질의응답으로 넘어가겠습니다. 질문! 정확한 표현인지는 모르겠지만 최초에 유전자는 왜 유전을 시작했나요? 복제를 시작했냐는 의미겠죠? 아직 밝혀지지 않은 건가요?

김 ― 우와 질문이 대단합니다. 최초의 생물은 도킨스의 표현을 빌리자면 '이기적'이니까 복제를 해서 자기랑 똑같은 애들을 많이 만들려고 했을 거예요. 그런데 사실 최초의 유전자가 단백질이었는지, DNA였는지, RNA였는지를 가지고도 논쟁이 많아요. DNA가 나중에 생겼다는 건 확실하지만 DNA가 유전의 매개물질이 된 건 얼마 안 됐거든요. RNA 월드가 있었다고 생각하죠. RNA도 스스로 복제할 수 있거든요. 그런데 왜 복제했을까요? RNA한테 물어볼 순 없으니 알 순 없지만 아마도 그렇게 하는 게 유리했겠죠?

원 — 유리하다?

김 — 왜냐하면 현재의 생물들은 유전자들이 스스로 복제해서 남긴 개체들이거든요. 더 많은 개체를 남긴 유전자가 더 많이 살아남았을 거예요. 유리했기 때문에 더 많이 살아남았겠죠. 그렇지 못한 유전자는 사라졌을 거고요. 의인화를 동원하지 않는 선에서 이야기할 수 있는 건 그 이유밖에 없어요.

원 — 굉장히 근원적인 질문이에요. 그죠?

김 — 네. 철학적이기도 하고.

원 — 그러게요. 저도 궁금할 때가 있어요. 왜 생물은 생겨났고, 왜 자신을 복제했을까.

김 — 그건 철학자들한테 물어보세요.

원 — 그런데 철학자들도 몰라요. 철학이야 말로 진짜 정답을 낼 수 없는 부분이 많잖아요.

김 — 그런데 과학자들도 정답을 모르는 질문이 의외로 많아요. 과학이 발전할수록 과학이 대답할 수 있는 영역은 점점 좁아지거든요. 넓어지는 게 아니라. 굉장히 단순한 발견이나 이론을 가지고

RNA 월드 RNA 월드RNA world는 RNA 단독으로 자기복제하는 세계를 좁은 뜻의 RNA 월드라 하고, 이를 생명체의 발상으로 본다. RNA 자신을 절단, 재결합하는 촉매기능을 갖는 RNA의 발견을 계기로 등장한 용어이다. 지구의 역사에서 단백질이나 DNA의 등장 이전에 자기복제의 수단이 RNA였을 것이란 가설이다.

많은 걸 설명하려고 하는 사람들을 조심하셔야 해요. 그건 과학의 정신과 멀어지는 걸 수도 있어요. 독특하게도 과학은 발전하면 발전할수록 이론의 적용범위는 좁아지고, 대신 정밀해져요.

원 — 다음 질문으로 가볼게요. 초파리 야동은 몇 년간 지켜보셨나요?

김 — 2008년부터니까 계산해보시죠. 한 번 볼 때 200마리씩 거의 매일 봅니다. 계산해보세요.

원 — 어떤 방식으로 지켜보세요?

김 — 처음에는 직접 눈으로 지켜봤고요 나중에 녹화를 하기 시작했어요. 제 연구실이 생겨서 이제 제대로 자동화해보려고요. 카메라에 소프트웨어를 달아서 교미를 시작하면 시간을 재고, 끝나면 멈추도록.

원 — 교미를 감지할 수 있나요?

김 — 네, 가능해요. 자동화 된다면 한 번에 1,000마리까지 볼 수 있겠죠.

원 — 참 노가다 작업입니다.

김 — 원래 실험생활은 노가다예요. 저희 진짜 노동자예요. 제가 초파리 나르는 걸 한번 보셔야 돼요. 아름다운 과학자의 이미지 같은 건 없어요. 마스크 끼고, 앞치마 두른 채로 초파리만 4시간이건 5시간이건 날라요.

원 — 초파리를 연구하신다는 이야기를 들을 때부터 그렇게 아름

답게 느껴지진 않았습니다. (웃음) 초파리를 검색해봤더니 하나같이 너무 흉한 거예요. 벌레잖아요.

김— 초파리는 해충이니까요.

원— 다음 질문, 혹시 목표가 노벨 생리의학상인가요?

김— 아니요, 저는 노벨상을 싫어해요.

원— 싫어하세요?

김— 네. 노벨상은 과학자들을 응용 쪽으로 모는 경향이 있어요. 그리고 반드시 인류의 복지에 기여를 해야 받아요. 다윈이 다시 태어나도 노벨상을 못 받는다는 이야기도 있어요. 다윈의 연구는 응용이 안 되니까. 어쨌든 노벨상 때문에 과학자들이 노벨상을 목표로 연구하다 보니까 과학이 이렇게 됐다는 생각도 듭니다. "노벨상은 없어져야 된다. 특히 과학상은 왜곡된 면도 많고, 그것 때문에 오히려 과학이 건강해지는 것보다는 안 좋아지는 면이 있는 것 같다. 스위스를 폭파해야 한다"라고 트위터에 쓴 적이 있어서 엄청 화제가 된 적이 있어요. (웃음)

원— 어떡하죠?

김— 스웨덴인데 말이죠. 그것 때문에 한 몇 년동안 놀림을 당했어요.

원— 우리는 노벨상을 굉장히 뛰어나고 순수한 과학자에게 주는 것같이 여기지만 사실 그렇지도 않더라고요.

김— 최근에 더 심해졌어요. 돈이 되는 질병을 치료하거나, 그런 사람들한테만 상을 줘요. 제가 초파리 교미시간의 비밀을 밝힌다고 해도 노벨상은 못 받을 거예요. 저는 받을 수 없는 운명인 거죠.

원 — 그걸 가지고 사람의 섹스시간을 늘리는 어떤 유전자를 조작할 수 있다는 식으로 간다면 혹시 가능할까요?

김 — 받을 수도 있겠죠. 일명 '변강쇠 유전자'. 그런데 그런 연구는 할 생각이 없어요.

원 — 다음 질문입니다. 이 분야를 선택하게 된 계기는 무엇인가요?

김 — 사실 저는 바이러스로 박사학위를 받았어요. 이 분야에서 특이한 케이스인데 이렇게 극단적으로 바꾸는 경우는 거의 없거든요. 그런데 박사후과정을 선택할 때 '지금 내가 평생 하고 싶었던 일을 선택하지 않으면 다시는 못 할 수도 있겠다'라는 생각을 했어요. 제가 어릴 때부터 읽었던 건 주로 진화생물학에 관련된 책이었는데, 보니까 초파리를 하면 내 분야에서도 행동연구를 할 수 있을 것 같은 거예요. 지도교수님도 시모어 벤저의 제자라 하시니 뒤도 안 보고 '그냥 뽑아주십시오' 했어요. 그랬더니 무슨 생각이신지 뽑아주셨습니다. 아직도 이해가 안 가요. 제가 있던 연구실에 박사후과정으로 들어오는 사람들은 《네이처》,《셀》,《사이언스》도 냈던 친구들이에요. 스탠퍼드, 하버드 같은 곳에서 학위를 한 친구들이 오는데 이름 없는 한국에서 온 저를 받아주셨죠. 그냥 프리젠테이션 하는 것만 보고 뽑으셨어요. 은인을 만난 거죠.

원 — 그렇네요.

김 — 미스터리예요.

원 — 다음 질문, 연구주제에 대한 아이디어는 어떻게 얻었나요?

김 — 진짜로 우연히 시작하게 됐어요. 처음에 초파리 유전학도 힘들고 여러 가지로 힘든 일들이 있었거든요. 그러다가 '미친 짓을 한번 해보자' 하고는 진화생물학자들이 쓴 초파리 관련 논문을 전부 뒤졌어요. 그중에 한 논문이 눈에 들었는데 초파리 섹스 시간에 관한 이야기였어요.

그때까지는 생리학적 메커니즘이나 유전자에 대한 이야기는 안 했더라고요. 그냥 행동만 봤어요. 그럼 내가 이 행동을 가져다가 분자생물학적 방법으로 한번 알아보자, 그렇게 시작하게 됐습니다. 대부분의 아이디어들은 제가 천재라서 번뜩 떠오른 게 아니라 그냥 그것만 생각하고 살다 보면 어느 순간 떠오를 때가 있어요.

제가 희한한 실험을 했거든요. 초파리한테 거울을 보여주었어요. 초파리 교미에 시각자극이 제일 중요하거든요. 여럿이 자란 초파리가 섹스도 오래 해요. '그럼 혼자 자란 초파리한테 거울을 보여주면 섹스를 오래 할 수도 있지 않을까'라는 생각이 갑자기 떠오른 거예요. 그래서 아마존에 들어갔죠. 아마존을 뒤졌더니 나이트클럽에 있는 미러볼 만드는 작은 거울을 팔더라고요. 왜 파는지를 모르겠어요. 거울이 아주 작아서 초파리 병에 들어가겠더라고요. 실험실에 주문한다고 비용을 청구했더니 교수가 '뭘 하려고 그러냐?'라고 묻더라고요. 그래서 설명했더니 이 말도 안 되는 아이디어를 수긍하셨어요. 덕분에 초파리에게 거울을 보여준 최초의 인물이 됐죠.

원 — 그렇군요. 연구 성과를 물어도 되나요?

김 — 《네이처뉴로사이언스》와 《뉴런Neuron》에 실렸어요. 이 실험을 좀 포장해서 언론에 퍼트렸으면 재밌는 이야기가 만들어졌을 텐데, 그때는 좀 회의적이어서 언론에 전혀 알리질 않았어요.

원 — 초파리의 교미시간에 관련해서 다른 사람들도 연구하는 주제인가요?

김 — 제가 독점하고 있습니다. 절대 안 뺏길 거예요. 전 세계 유전학자 중에서 저밖에 없어요. 거기에 관련된 것은 제가 다 갖고 있어요.

원 — 그런데 이야기를 듣다 보니까 유전적인 부분들이 사람에게 응용될 여지는 전혀 없을까요?

김 — 있어요. 교미란 행동은 결국 성선택이거든요. 한 마리 암컷

성선택 성선택sexual selection은 1859년에 다윈이 『종의 기원』에서 제시한 개념으로 자연선택 이론의 중요한 요소이다. 그의 성선택 이론의 예시로는 공작의 꽁지깃, 파라다이스의 새들, 수사슴의 뿔 그리고 사자의 갈기 등이 있다. 이 이론은 '동물들이 개체가 생존하는 데에 불필요해 보이는 많은 특징들이 발달된 이유는 번식을 위해서다'라는 이론이다.

• 수컷에는 성선택 전략의 흔적이 남아 있다 •

을 두고 경쟁하는 여러 수컷이 있는 경우에 수컷들은 여러 가지 전략들을 진화시켜요. 공작새의 꼬리같이 암컷에게 매력적으로 보이게 하거나, 암컷을 가임시키는 확실한 전략들을 준비합니다. 어떤 수컷의 경우에는 정자가 창같이 생겨서 다른 수컷의 정자를 죽여요. 수컷에는 그런 전략들의 흔적이 남아 있어요. 그것이 행동학적으로 보고는 되어 있지만 유전학적 인간에 적용하는 연구는 불가능하죠. 사람을 대상으로 실험을 할 순 없으니까요. 쥐로는 할 수 있을 거예요.

원— 우리 중에서 지원할 사람이 있지 않을까요?(웃음)

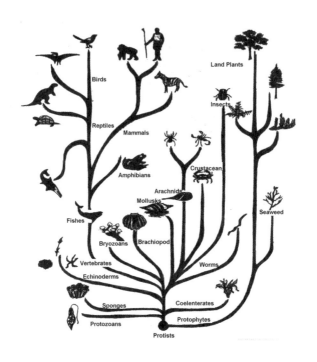

• 진화는 진보가 아니라 다양성의 증가다 •

김 — 저를 전범으로 만드실 생각이십니까?

원 — 농담입니다. 다음 질문, 유전학적으로 퇴행하는 생물이 있나요? 그렇다면 그 이유는 무엇인가요?

김 — 유전학적 퇴행, 진화적 퇴화라는 말이 막 퍼져 있는데 '퇴화'라는 말이 맞는지 잘 모르겠어요. 진화도 진보랑 헷갈리면 안 되잖아요. 진화가 꼭 진보를 의미하진 않아요. 퇴화도 마찬가지고요. 과학적으로만 이야기하자면 진화적으로 나중에 나온 형질을 잃는 생물들은 있어요. 기생충이 그래요. 기생충 같은 경우 예전에 갖고 있었던 기관들을 숙주 안에 들어가 살면서 다 없앴잖아요. 그러니까 진화의 순서에서 분명히 가지고 있어도 될 것들이 나중에 사라지면 퇴화라고 하는데, 이건 진보냐 퇴행이냐의 문제가 아니란 거죠. 그냥 진화적으로 뒤에 나타난 것일 뿐이에요.

원— '진화'라 하면 진보를 연상하잖아요. 발전한다는 개념으로 많이 쓰죠. 그런데 스티븐 제이 굴드가 그 부분에 대해서 의문을 제기한 적이 있어요. 종種이 어떤 목표를 향해, 예를 들자면 인간이 목표로 했던 직립보행과 높은 지능, 자의식을 목표로 합목적으로 진화했다면 앞으로 인간보다 훨씬 진보된 존재가 등장할 것이라고 상식적으로 생각할 수 있잖아요. 그런데 거기에 대해서는 아주 강력한 반론들이 있어요. 이 반론의 대표적 인물이 굴드입니다. 굴드는 그런 식으로 발전하는 것이 아니라 단지 변이가 많아지고, 분화가 많아지는 것이라 이야기해요.

김— 다양해진다는 거죠. "진화는 진보가 아니라 다양성의 증가다." 스티븐 제이 굴드가 했던 말입니다. 도킨스는 '아니다, 진보의 경향이 있다'라고 말하니까 여기에서도 서로 논쟁을 했어요. 그런데 누가 옳은가의 문제는 아닌 것 같아요. 중요한 건 진화라는 것이 다윈이 생각했던 것처럼 어떤 목표를 향해서 형질들이 발전하는 것이 아니라, 그때그때 환경에 맞는 식으로 하는 땜질이 진화라는 거죠.

예를 들어 다운증후군이란 유전적 질환이 사라지지 않잖아요. 이것은 어떻게 할 수가 없어요. 다운증후군 환자가 왜 태어나는지 우리는 모르죠. 그런데 만약 지구환경이 변해 다운증후군 환자들이 우리보다 환경에 유리할 수 있는 거예요. 그렇게 되면 그 사람들이 다수의 인류를 이루고 우리는 소수가 돼버릴 수도 있는 상황이 올 수도 있어요. 결국 정상과 비정상이란 문제는 상황과 환경에 달린 거죠.

원 ― 다음 질문입니다. 이정모 관장님이 질문해주셨네요. 최근 티라노사우루스의 몸 전체에 새의 깃털 같은 것이 덮여 있었다는 글이 있습니다. 이 이론에 대한 의견을 부탁드립니다.

김 ― 다양한 의견이 있는데 저도 신빙성 있는 주장이라 생각합니다. 공룡에게 깃털이 있었던 것 같아요. 그 깃털은 날기 위해 있었던 건 분명히 아닐 거고요. 우리는 흔히 날개를 날기 위한 장치라고 생각하는데, 사실은 다른 이유로 깃털과 날개가 생겼고, 나

다운증후군 다운증후군Down syndrome은 가장 흔한 염색체 질환으로서, 21번 염색체가 정상인보다 1개 많은 3개가 존재하여 정신 지체, 신체 기형, 전신 기능 이상, 성장 장애 등을 일으키는 유전 질환이다. 신체 전반에 걸쳐 이상이 나타나며 특징적인 얼굴 모습을 관찰할 수 있고, 지능이 낮다. 출생 전에 기형이 발생하고, 출생 후에도 여러 장기의 기능 이상이 나타나는 질환으로서 일반인에 비하여 수명이 짧다.

중에 나는 기술은 터득됐다고 보죠. <u>벨로키랍토르</u>만 봐도 옛날에 우리가 상상했던 모습과 지금 추측하는 모습이 전혀 달라요. 티라노사우루스도 파충류 같은 피부 표면이 아니라 털이랑 깃털이 달린 모습으로 다시 재현하고 있어요. 옛날에 샀던 공룡 모형은 다 버리고 다시 사야 해요.

원— 그렇군요. 다음 질문입니다. 텔레비전 광고 중에 "노벨상 프로젝트. 어린이에게 과학을 들려주자"라는 광고 혹시 보셨나요? 어떤 생각이 드시는지요?

김— 처음 봤을 때 진짜 웃겼어요. '양심적인 과학자라면, 게다가 현실을 아는 과학자라면 기초과학 운운하며 그 어린아이들에게 과학자가 되라고 이야기할 수 있을까?' 광고에선 엉뚱하게 자동차 만드는 걸 예로 들던데 말이죠. 하지만 아이들한테는 희망을 이야기해줘야 하니까 그랬나 싶기도 해요. 그걸 보면 한국사회에 과학에 대한 도구적인 관점이 어떤지 알 수 있어요. 제 바람은

벨로키랍토르 벨로키랍토르Velociraptor는 '날쌘 도둑'이라는 뜻으로, 몸의 생김새로 보아 재빠른 몸놀림에 머리도 아주 좋은 공룡이었을 것이다. 머리는 길쭉하고 입은 납작하며 이빨은 날카롭다. 이들은 무리를 지어 사냥하면서 튼튼한 꼬리와 뒷다리를 이용해 사냥감을 향해 높이 뛰어올라 뒷다리에 있는 날카로운 발톱으로 찍었다. 이 공룡의 화석이 1971년에 몽골에서 처음 발견되었다. 튼튼한 뒷다리의 발가락에는 크고 날카로운 발톱이 달려 있다.

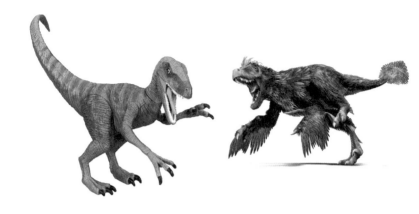

• 예전의 벨로키랍토르(좌)와 깃털이 있었을 것이라 추정해서 재현된 현재의 벨로키랍토르(우) •

과학을 홍보성으로나 상업적으로 이용하지 말고, 펠로우십 형태
의 장학금 같은 걸 만들어서 더 적극적으로 지원해줬으면 좋겠
어요. 그런 다음 저런 광고를 한다면 좀 더 신뢰할 수 있을 거 같
아요.

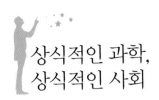

상식적인 과학,
상식적인 사회

원— 이어서 질문할게요. 선생님이 생각하시는 진보의 개념은 무엇인가요?

김— 사실 뭐 좌파냐 진보냐 이런 건 저는 잘 몰라요. 하지만 한국 진보 세력의 부족한 부분은 알 것 같아요. 한국의 진보 세력들은 근본적으로 대중의 위에 서서 자기가 사회를 진보적으로 끌어간다고 생각해요. 자기네들이 계급적으로 위에 있다는 식이죠. 가끔 인문학자들이 쓴 글을 보면 대중을 무식하게 평가하고 어떻게 이런 투표를 할 수 있냐 비난해요. 따뜻한 심장이 없다고 이야기하잖아요. 기본적으로 엘리트 의식이 굉장히 강한 것 같아요. 눈높이를 낮춰서 대중들한테 과학을 편하게 가르쳐주는 것처럼 진보도 그래야 되지 않을까 그런 생각은 해요.

저는 진보가 뭔지 모릅니다. 상식적인 사고에서 사는 사람일

뿐이에요. 그래서 스스로를 권위를 싫어하는 아나키스트라고 생각합니다. 그렇다고 폭탄 같은거 안 던지니 걱정 마시고요.

원 ― 저도 마찬가지예요. 진보세력이라고 생각해본 적도 없어요. 엘리트 의식 이야기가 나와서 하는 말인데, 가끔 그런 생각이 들 때가 있어요. 저도 과학대중화에 참여하고 있는데 이걸 할 수 있었던 이유는 사람들이 충분히 즐길 수 있다고 생각하기 때문이거든요. 아무도 못 알아듣고, 즐기지 못한다면 아무 가치가 없잖아요.

그런데 알고 싶은 욕구가 있고 관심도 있고 흥미가 있는 사람도 많은데, 우리나라에선 단지 기회가 없었던 거죠. 고등학교 졸업하자마자 대학에 진학하고, 생계를 걱정해야 하고. 그렇게 바쁘게 살다 보면 흥미가 있었던 것도 잊게 되잖아요. 그 흥미를 조금만 불러일으켜주면 사람들이 다시 잡을 거라는 기대 같은 것이 있었어요. 제가 기대했던 것보다 훨씬 더 잘 잡으시더라고요. 팟캐스트 듣는 사람도 그 증거 중 하나고요.

대중화라는 말이 참 거창한데, 그 이전에 과학은 재미있고 신기하고 한편으로는 굉장히 멋진 거라고 저는 개인적으로 생각해요. 그래서 다들 즐기며 살았으면 좋겠다는 생각을 자주 해요. 대중은 그걸 즐길 만한 충분한 지적 능력을 갖추었어요. 앞으로 차차 증명되리라 생각합니다.

정리를 하겠습니다. 오늘 굉장히 많은 이야기를 나눴는데요,

하나하나의 주제만으로도 몇 시간씩 이야기할 만한 것들이었습니다. 호기심이 유발된 부분들이 꽤 있을 거라 생각됩니다. 그런 경우에 스스로 책도 읽고, 글도 찾아보고 하다 보면 궁금한 부분들이 채워질 거라 생각해요. 지금까지 초파리 섹스시간에 대한 모든 정보와 연구를 독점하고 계신 김우재 박사님이셨습니다. 오랜 시간 고생하셨습니다.

김— 감사합니다.